致力于中国人的心灵成长与文化重建

立品图书·自觉·觉他
www.tobebooks.net
出品

Self Observation:
The Awakening of Conscience
An Owner's Manual

自我观察

［美］雷德·霍克 著
孙霖 译

责任编辑：陈曦
装帧设计：大诚艺术设计机构

图书在版编目（CIP）数据

自我观察／（美）霍克著；孙霖译．—深圳：深圳报业集团出版社，2012.4
ISBN 978-7-80709-447-0

Ⅰ.①自… Ⅱ.①霍… ②孙… Ⅲ.①注意—训练—方法 Ⅳ.① B842.3

中国版本图书馆 CIP 数据核字（2012）第 033590 号

Original English language edition Copyright © 2009, Robert Moore Red Hawk
Self observation: the awakening of conscience: an owner's manual

自我观察

（美）雷德·霍克 著
孙霖 译

深圳报业集团出版社出版发行
（518009 深圳市深南大道 6008 号）
三河市华晨印务有限公司印制 新华书店经销
2012 年 4 月第 1 版 2013 年 1 月第 2 次印刷
开本：787mm×1092mm 1/16
印张：15.75 字数：124 千字
ISBN 978-7-80709-447-0 定价：28.00 元

深报版图书版权所有，侵权必究。
深报版图书凡是有印装质量问题，请随时向承印厂调换。

致谢

感谢我成长的源头——瑜伽修行者拉姆苏拉库马。

感谢李先生,这位叛逆的智者和真正的朋友给予我灵感。

感谢我的舞蹈老师安德烈·英纳德给予我的信息,让我了解感觉在自我观察中的重要作用。

感谢马克西给予我的感觉和反馈。

感谢雨点和微风促使我开始写作本书。

感谢伊恩和杰斯让我坚持写作本书。

感谢瑞吉娜·萨拉·莱恩对本书编辑工作的帮助。

目 录

总序　孙霖 1

推荐序　让你不断前进的道路——自我观察　张德芬 1

序　　教导 1

第一章　自我观察——了解自己 1

第二章　哺乳动物机器——内在运作机制 11

第三章　怎样观察——基本原则 23

第四章　专注力 37

第五章　观察对象 47

第六章　左脑是台二元模式的计算机——理智中心 61

第七章　盲点——进行捕获和消耗的系统 75

第八章　第一反应机制——默认反应模式 91

第九章　群"我" 103

第十章　否定的力量——工作的阻力 117

第十一章　缓冲器 125

第十二章　观察与感受 135

第十三章　我是个虚伪的人 145

第十四章　自愿的受苦 153

第十五章　智慧的觉醒——跳出旧有的思维模式 161

第十六章　对本质的冲击 171

第十七章　内在角度的转换——无为 181

第十八章　在茂密草丛中的鹿 193

第十九章　良心的觉醒——背负自己的十字架 203

第二十章　高等中心 215

尾声 226

词汇注释及中英文对照表 228

总序

本书译者、第四道丛书策划人 孙霖

第四道是基于希腊-亚美尼亚裔大师乔治·伊万诺维奇·葛吉夫于19世纪末叶至20世纪初叶在包括中东、中亚、印度、埃及等地在内的广大地区探寻二十余年所获得的知识及体验建立起来的一套博大精深的修行体系。

葛吉夫很尊重与灵性转化有关的传统宗教和法门，并把它们采用的不同方法总结为三类：着重于驾驭身体的"苦行僧之道"、基于信仰和宗教情感的"僧侣之道"以及专注于发展头脑的"瑜伽士之道"。他把自己的教学称为"第四道"，这条道路同时在上述三个方面下工夫。

第四道通过一系列理论和练习来点醒和帮助人们，让人们意识到自己在沉睡，像一台机器一样在无意识而混乱地运作，认同于周遭的一切，被小我的幻象所蒙蔽，受制于内在和外在的各种力量——他不能做，没有一个统一的我，没有自由意志，也难以掌控自身的注意力。

为了清醒过来，第四道体系要求我们从"自我观察"开始，觉察到自己真实的状态，并且保持面对，自愿地承受觉察到自己的低等状态所带来的痛苦，自愿地在有意识和无意识的状态之间去进行挣扎，从而提升素质，实现内在的统一与和谐，发展出高等意识状态，以及更高等的无形身体。

在第四道中，理论部分只是一个教学工具，而非一个需要死记硬背或绝对奉行的真理。葛吉夫为我们提供了一个完整的宇宙观和世界观，其目的不是为了科研和满足头脑对认识世界的渴望。他希望我们借此能够了解自己在宇宙进化序列中的真正卑微位置，了解控制自身的那些宇宙法则，从而打破我们对于人类地位的自大幻象，激发出我们向着更高层面进化的动力。

学习理论不是修行，在生活中去尝试和体验这些理论才是实修。葛吉夫要求我们去"找到自己的真相"，不要盲目听信任何理论，要亲身去验证。他讲给学生的理论有时是互相矛盾的，故意让学生迷惑乃至对他产生愤怒和失望，以便让他们下决心去自己验证所学的理论。只有这样，学生才能够真正理解和消化这些理论，并且掌握一种在修行道路上独立前行、不盲听盲信的宝贵能力。

第四道是一条非常生活的道路，需要在生活中并借由生活来进行。在第四道中没有任何对神或对导师的崇拜，没有任何的仪式或遗轨，没有任何特定的衣着或打扮。一个修行第四道的人可能修行一辈子，周遭的人都根本看不出来。即使是共修时，也无法从外在形式有所甄别。参与者大多时候可能只是从事一些诸如种植、木工、手工、烹饪等很"世俗"的工作，但从事这些活动的目的以及参与者的内在状态则是不同寻常的。

与第四道相关的出版物在西方有成百上千种，而在国内的相关出版物却寥寥无几。为了将这套在西方近代举足轻重的修行体系介绍给中国的读者，我们精心策划了这套"第四道丛书"，它的翻译和引进得到了多家出版机构的大力支持。其中包括了经典著作，也包括了最浅显的入门著作，既有理论性的著作，也有故事性的著作。希望能够满足不同读者的需求，并且能够更为全面和立体地把第四道呈现给大家。

如果读者朋友们有任何关于第四道的问题或是想要了解更多的相关信息，可以写邮件至 4thway@sina.com 联系。

2012 年 8 月 20 日于北京

推荐序 让你不断前进的道路——自我观察

身心灵作家 张德芬

对灵修开始感兴趣超过十年了,读了不知多少书,上了不知多少课,学了不知多少法门,还写过几本书,最终我还是深深感悟到:观察自己最重要。这是灵性成长最基本的功夫,很容易学会,但是很难坚持。在上腻了各式各样的灵修课程、对所谓的灵修大师一再失望之余,我真真切切地领悟到,回归自己才是最有效的灵修方法。这时候老天让我碰到了这本书《自我观察》,非常浅显易懂而又好读的一本书,但却是前所未有的实际和有效。

作者是葛吉夫的学生(当然,他太年轻了,所以没有见过他心仪的这位老师),他有感于有关葛吉夫的著作大多深奥难懂，所以特别从葛吉夫众多教导当中汲取了最精华、最重要的部分——自我观察，以非常简明扼要的语言，提供了有效的实际操练方法，读来让我爱不释手。

而最让我感动的就是他的平易近人，虽然是在写书指导别人，但是他毫不避讳自己个性上的缺点和生活中的挫败，每个章节之间还用幽默风趣的诗来调侃自己，读来令人莞尔，并且心有戚戚焉。

书中提到，自我意识觉醒的人到达了一个高度以后，会开始进入一种新的痛苦当中——清晰地观察到内在分裂的自我以及散乱的特质，并且会因此而受苦。而这痛苦正是人类生活的重要动力；因为我们内在不是统一的，没有一个随时随地都在的"我"，我们的内在有一群"我"，它们是分裂的，互相争吵、竞争、打斗。这段话解答了我的困惑：长久以来，我就纳闷为什么很多人（当然包括我自己）可以说法说得很好，写书写得很好，可是却不能够在生活中完全展现自己所教导或是传授的那种状态。原来人的内在是有很多不同的"我"在当家做主，如果我们愿意去面对它们（这样会让我们很痛苦！这叫做自愿性受苦），用公正的、超然的"观察的我"，毫不批判地去看到这一个个的"我"，看到它们的运作，那么一切就会改变。这是作者引用量子物理学的理论"观察者改变观察对象"而发展出来的。然而不带批判并且无意改变观察对象的观察,需要持续很长一段时间,累积了像滴水穿石一般的功夫,才能够看到效果。但是就我个人经验来说,这真的是最究竟根本的方法。

作者提出的方法其实很简单:随时注意不必要的思绪和不恰当的情绪,记得自己——那就是"找到身体,让注意力回到对身体的感觉上并放松身体"。这是非常非常简单的操练方法,它的唯一难度就是很多人不去做,或是想不起来去做。作者建议,每日进行30分钟以上的静坐练习非常重要,可以帮助你在当下把注意力放在自己的身体上面。

而我自己的做法则是,我每天会站桩一个小时,有时会加上静坐半小时,在日常生活中我也时刻提醒自己要"回到身体的感觉上,放松",尤其是思绪混乱或是有情绪困扰的时候。我以前还买过一小时会"哔"一声响的手表来提醒自己,要活在当下。然而,如果不是上了那么多的课、跟了那么多的老师而只感到"过尽千帆皆不是"的话,我才不会这么甘心情愿地回头来做这个灵修的最基本功。

如果读完本书而不去实践，那这只会是一本好看的、读了以后会让你恍然大悟自己问题在哪里的书，而你永远就是停在那里，不会前进的。唯一能让你前进的道路就是练习，不断地练习。

让我们共勉吧！！

序 教导

它像石头一样古老，
它随着人类来到地球。
它给予人类一条出路，
离开悲苦编织的大网。

但人类需要为此付出代价：
我们必须观察自己，
客观地观察我们的行为，
以及我们内在外在的反应。
这意味着对于自我观察发现的恐怖状况

既不执着,

也不去改变。

就像一个淘气的孩子,

用棍子翻转一块石头,

发现下面爬满蠕虫,

却克制自己不去踩踏它们。

(选自雷德·霍克《力量之路》,第 67 页)

第一章 自我观察——了解自己

知人者智，自知者明。

　　　　　　老子《道德经》，第三十三章

去了解你自己吧，人生逆旅中疲惫的灵魂。

我迷失了。我已经忘了"我是谁"和"我为什么来这里"。

了解自己是人类的一种基础灵性教导，自从具有大脑新皮层或者说具有人类大脑的人出现以来，一直都有老师在进行这样的教学。"**了解自己**"这句话被书写在毕达哥拉斯学院的大门上，被镌刻在特尔斐阿波罗神庙的入口处。它也是苏格拉底、奎师那、佛陀、老子、耶稣、拉玛的教学内容。在觉醒的道路上，这种教学是最根本的。

了解自己最核心的工具就是自我观察。佛陀称之为觉察，奎师那称之为冥想，耶稣称之为见证，葛吉夫先生称之为自我观察。这是一种没有语言的祈祷。这是一种行动中的冥想。

除非我能了解自己，否则我都在被习惯所驱使。我既无法看到这些习惯，也无法控制它们。我就是一部机器，一个自动装置，一个原地转圈的机器人，只能够不断地重复自己的习惯。我没有觉察力，完全是无意识的、习惯性的和**机械性的**①。我想象自己是有意识的、清醒的和有觉察力的，只因为我眼睛是睁着的。但我的习惯却是无意识的、自动运转的，没有意志，也没有**意愿**②。在内在，我是沉睡的。

更为严重的是，因为我是无意识的，只是个受制于习惯的生物，我会去伤害自己、他人和环境。人类的身体就是哺乳动物，所有的哺乳动物都是受制于习惯的生物。我们是群体性动物。习惯是我们体内无法忽视的强大力量，它使我搞不清"我"是谁（"我"就是**注意力**③或**意识**④），只认同于我的身体；它使我有一种强烈的需求，要认同和归属于我的群体。群体性动物不会为自己思考，群体会为它思考和采取行动。无论群体去哪里，我们都会跟随，即使我们被引向悬崖、引向死亡，我们仍旧会跟随，而不会背离群体去为自己思考。因为为自己思考、了解自己就有被群体排斥的风险。而对于一只哺乳动物来说，这种排斥就好像是对它判了死刑一样。与群体在一起是安全的，一只食草动物如果被孤立，它就离死亡不远了，很容易被食肉动物所猎杀。我们内在的本能都很清楚这一点，都很惧怕被群体孤立。所以让一只哺乳动物来为自己思考，来观察自己和了解自己是非常困难的。这不是哺乳动物天然的习性。这需要有意识的努力和意愿，需要勇气和**专注力**⑤。据我所知，人类是唯一一种能进行自我观察的哺乳动物。

我这里不是在暗示了解自己后我们的习惯就会改变，这些习惯有着长期以来的惯性和情绪给予它们的力量，它们会不断重复。我能改变的是我与这些习惯的关系，这就叫做"角度的变换"。以我现在的状况，我处于与习惯认同（即认为"我就是习惯"）的状态。我将自己等同于我的习惯，它们就是我。所以"我"和习惯是一体的，是一样的。我处于认同的状态。通过耐心、诚实、稳步和真诚的自我观察，这种**认同**⑥会改变。我可以开始**客观**⑦地看待这些习惯，而不去认同于它们，就像一个科学家在显微镜下观察病菌一样。这是一种为摆脱习惯控制而做的挣扎，而不是一种与习惯对抗的挣扎。邬斯宾斯基曾经提到过一个例外的情况，即在对抗表达**负面情绪**⑧的习惯时，我们需要与习惯对抗。但这不会带来意外的或不好的结果。*我可以开始

---

* 出自《寻找奇迹》(*In Search of Miraculous*) 第 12 页，纽约 Harcourt 出版社，1946 年出版。

研究这个哺乳动物的身体，了解它的习惯。因为它是一个受制于习惯的生物，会不断重复。于是我可以开始辨别它的模式，无论是理智的、情感的还是身体层面的。于是我可以开始了解自己。

这个身体是一个哺乳动物构造的机器，是一个受制于习惯的生物，所以它是可以预测的。麋鹿每天总是沿着同一条小径去水源饮水，狮子会观察并学会潜伏在路上等候麋鹿的出现。同样的，内在的观察者可以逐渐开始对这个哺乳动物构造的机器，或者说这个身体的习惯性行为，进行预测，并做好准备。学习这些模式并了解自己，是让我能够变得更有意识、不再任由习惯摆布的唯一希望。如果我看到某个习惯一万次或者更多次，我就可以预测它会在何时何地以怎样的方式呈现。毕竟它以往已经像这样呈现很多次了，我能够在它呈现之前就做好准备。这时我就可以选择以不同的方式做出反应。当我可以更加客观地去看待某个习惯时，我就可以不再总是成为它的牺牲品，并且在内在找到些稳定和宁静的感觉，并让自己的语气、行为、情绪和思绪得到适度的调整。这样，我就可以恢复天生的清醒和"**基本的良善**"⑨。

自我观察是一个可以带来上述结果的工具。有些人称它为"第一工具",有些人称它为"人类的工具"。通过这个工具,人类可以操控、修复和维护他们的身体,驯化和训练身体的机能。没有这个工具,我就是一部机器,一个自动装置,一个机器人,任由内在和外在那些无意识、习惯性和机械性力量的摆布。自我观察对于**灵魂**⑩从无意识的梦境中觉醒非常重要。即使是一个傻瓜也可以利用身体这个机器自带的工具来学会如何有效地操控这个**机器**⑪。想要有效地使用这个工具就需要练习自我观察。我现在是一名机械师,我已经对使用机器自带的工具有了些了解。我不是大师,但我是个很好的机械师,因为我已经发展出对这个机器的注意力。我们都知道一个诚恳、高效、务实并且有觉察力的机械师可以提供很棒的服务。本书就是一本由一名机械师撰写的使用手册。

在开始的时候,我需要提出以下善意的和负责任的忠告:这里所讨论的不是一个**要人信仰的方法**,而是一个研究自己、**了解自己**的方法。所以,这里提及的一切你都不要盲目地相信,它**必须**经过你亲身体验的验证。我不是大师,我只是个不错的机械师。安全来自于不再轻信他人所说的话。我们长久以来都盲目地跟随,像羊或其他群体性动物一样,跟随着引领者,哪怕他把我们的群体带向悬崖或战争。

一切都必须通过个人体验加以验证，否则就只是另一种形式的奴性，在无意识和机械性对我们的捆绑之外再增加一条锁链。验证，验证，自己去验证一切，把自己从长久以来盲从和不会为自己思考的习惯中解脱出来，这才是通往自由的最佳途径。

我再次重申，我们练习的不是一个需要信仰的方法，信仰之路是另一条道路。但这并不意味着在这条路上完全没有信仰存在的空间。一个人如果长期实践这种"务实的自我工作"，他就会发现：如果他以信仰开始工作，他的信仰会因不带评判的自我观察产生的收获而得到加强；如果这个人在开始时像我一样没有信仰，早晚他会发现在实践中找到了信仰。这是不是很有讽刺意味？这不是一条基于信仰的道路，信仰是上天的恩典，它来自**造物主**[12]，并被给予那些需要它的人们。我们无法通过自己的努力获得信仰，但我们可以**准备好收获信仰的土壤**。这就是**工作**[13]的诸多回报之一。在这里我们绝对不要凭着信仰去接受任何东西，我们需要通过耐心而不带评判的自我观察和亲身体验，自己去验证一切东西的价值和真实性。

了解你自己

苏格拉底曾经劝诫弟子这样做

每一位大师都教导弟子要观察自己

以便能够了解自己

他们中也包括耶稣,他称此为见证

而另一方面

我不是大师

我要说不要这么做,以上帝的名义

大师们从未告诉我们

这么做会带来什么样的麻烦

我们再也无法轻易地沉睡在

我们那些无意识、自私和疯狂的习性中

而那些现在躲藏于内在的无意识部分

也将会被展现出来

就像打开地下室的门开启灯光后

你会发现下面就像是挤满神经病患者的疯人院

有些人裹着肮脏残破的单子

还有些人赤身裸体并流着口水

他们抓着挠着想要争取挤上楼梯出逃

身披光芒的天使

平静地站在他们的中间

周围的人几乎都在拥挤哭泣

而天使则温柔地触碰他们炙热的额头来加以安抚

这就是我要警告你们的：

不要介意那些拥挤的疯子们

他们无处不在

而一旦你在内在邂逅那位天使

那份感伤和对他的渴望

将会撕扯你烦扰你

无时无刻

直到生命的尽头

第二章 哺乳动物机器——内在运作机制

当认同于头脑时你无法很睿智,因为你认同于一部机器,你被这部机器和它的局限性限制了。但你是无限的——你就是意识。

使用头脑,但不要成为它……头脑是一部美妙的机器。如果你可以使用它,它会为你服务;如果你无法使用它,它就开始使用你,它具有破坏性,很危险。它必将把你带入痛苦与烦恼……头脑无法观察,它只能不断重复它被输入的东西。它就像一台电脑,开始时你需要输入一些东西……但你一定要保持主人的地位才能使用它,否则它就开始指挥你。

奥修《法句经:佛陀之路》,第 171 页
Osho(*The Dhammapada: The Way of the Buddha*)

从降生到这个世界上开始,我们接受的教导很多都是谎言。那些说谎的人很多都是出于无知,而不是故意的。这些谎言中最重要的一条就是"我们有一个灵魂"。这是很恶劣的教育,因为它暗示灵魂是与我们分开的。这就好比说"我有一辆车",这辆车就变成了我的占有物,与我是分开的。于是我们长大后就相信灵魂是在身体里的某个地方,是我的一个占有物,但不是我。

正确的教导会让我理解不是"我拥有一个灵魂",而是"我就是一个灵魂,短暂地存在于一个**人类生物机器**[14],即人体里"。我们是拥有人类体验的灵魂。据我所知,我们人类是这个星球上唯一一种在一个身体里具有双重特性的生物：我们是一种叫"人类"的哺乳动物，也就是这个身体，而同时我们也是另一种"**生灵**"⑮，既不是哺乳动物也不是这个身体。在这里我说的"生灵"指的就是灵魂。被送到地球上的灵魂实际上是被送到一个专为尚未成熟的灵魂准备的幼儿园里，我们是处于胚胎期的灵魂。我们被送到这里来成长，并且会得到帮助，因为我们无法独自成长。但只要我们愿意看愿意听，那帮助会一直都在。在所有可以支持我们的资源中，自我观察是最关键、最有帮助、最有揭露性、最直接和最有针对性的。

我们降生在一个美妙的系统里，它与创造我们和这个系统的高等智慧一样完美和精密。我们需要在这个灵魂学校，这个幼儿园里，高效、安全和充分地活动和发展，所以我们灵魂功课的设计与推行"一刀切"式教育的普通学校是不一样的。在这所灵魂学校里，自我观察会精确地揭示出每一个灵魂的个体需求，以及满足这些需求所需的时间、方式和速度。我们的学习速度是不一样的，非常聪明的人可能会学得很慢。自我观察所得到的收获与我们的观察能力和意愿相符，不会更多也不会更快。因此，这些功课很安全，是依据每个灵魂的独特需求量身定制的，我们可以自己控制学习量和学习速度。

你们首先要了解一件事（在这本使用手册中我会以各种方式反复强调它，因为它对于人类的头脑来说是难以置信的），那就是：**进行自我观察是一个人在行为层面所要做出的唯一改变**。行为、情感和思维等其他所有方面的根本性改变都是这种努力的副产品。换句话说，自我观察是人类生物机器的内在世界中具有革命性、进化性的彻底改变。20世纪的德国物理学家维尔纳·海森堡（Werner Heisenberg）提出了一个改变我们对物理学看法的洞见——"海森堡测不准原理"，即观察的行为会改变观察对象。这在微观世界的次原子微粒中和宏观世界的银河系中都得到了证实。物理学和形而上学的定律是一致的，物理学描述的是外部世界的定律，形而上学描述的是内在世界的定律。所以，自我观察会改变我们内在的观察对象。我们不用去改变什么，这种改变的企图是错误的，并且会带来麻烦。我们其实并不了解要改变什么以及要如何改变。

我们能做的就是诚实地、不带评判地观察自己。

我们是在哺乳动物体内的灵魂。这个身体有自己内在的机能，包括理智的、情感的、本能的和运动的机能。每一种机能所使用的能量都是独特的，与其他机能使用的能量不同。思维所需的能量与情绪所需的能量不同。这种区别不仅可以被很容易地观察到，还很容易被感觉到。自我观察包括感觉身体各个部位、身体的重量和体积，以及体内流动的能量。内在每一种能量的运作都有它自己的能量**中心**⑯，这些中心被有些理论称为"脉轮"。

理智中心是用于思考的中心，它就是我们的头脑，位于大脑的左半球；情感中心跟各种情绪有关，大致位于腹部的太阳神经丛处；本能中心位于肚脐；运动中心则位于脊柱的底部。这些能量中心可以通过集中注意力来感知。每一个中心都以不同的能量和不同的速度在运作。举个例子来说：一个人经由一条小路穿过茂密的草丛去河边，路边忽然有一条蛇竖了起来，这个人的身体在有意识地采取任何行动之前会自动跳到一旁去。这说明了各中心之间不同的速度。本能中心速度很快，它可以在摄入一口酒或一片止痛药后的一秒钟甚至几毫秒内，将其分解、吸收和散播。这细想起来确实让人震惊。如果让理智中心来做这件事情，可能要花上几天、几周甚至几年。速度排在本能中心后面的是运动中心。出于生存的需要，本能中心对于蛇的反应会马上在运动中心产生回应。为了让事情简单些，有些理论把运动中心和本能中心合并在一起，称为"本能—运动中心"，并把人称作"三个中心的生物"。例如葛吉夫的**第**

四道体系中，就使用了这种简化的说法。*

理智中心的运作非常缓慢，它总是在事件发生后才做出反应。身体安全地离开险境后，头脑才开始反应。但它反应得太慢，根本无法挽救我们的生命。救命是本能—运动中心的事。理智中心总是最后做出反应，因为它是四个中心中反应速度最慢的。我们被情绪能量驱动，身体逃离险境后，理智中心就开始运作。它会搞清楚状况，记录发生的事件并把它投射到未来："我的天呐！我再也不走这条路了。"请反思一下，我们把经营生活这个重担交给了四个中心中反应最慢，总是后知后觉的理智中心。这并不是顺应我们天性的做法，而是被社会和文化强加给我们的。我们整个的教育系统都是为教育理智中心而设计的。情绪和感觉跟理智完全不是一回事，但在我们的教育中却没有容纳它们的空间。本能在教育中也没有相应的空间。我们曾经重视过对身体，也就是运动中心的教育，即体育，但现在这部分教育在我们以科学技术为主导的教育体系中也几

---

* 更多相关具体的描述，请参阅乌斯宾斯基的著作《寻找奇迹》（*In Search of Miraculous*）第 193~195 页，第 338~340 页，纽约 Harcourt 出版社 1946 年出版。以及《人可能进化的心理学》（*The Psychology of Man's Possible Evolution*）第 76~82 页，纽约 Vintage Books 出版社 1974 出版。

乎丧失殆尽。这样的教育只会培养出不平衡的人。我们每一个人都是不平衡的，我们只会从某一个中心，即我们的重心，对生活做出反应：我们要么是感觉型的人，只会从本能—运动中心反应；要么是情绪型的人，对生活的第一反应永远是情绪化的；要么就是理智型的人，遇到事情的第一反应就是思考。我们每个人的内在，都有一个占统治地位的中心，也就是重心。我们会依照我们的类型或重心对外界的刺激做出反应。没有一个反应模式是比其他模式更好的或更有价值的，各种类型都是一样的，都是不平衡的，难以对面临的情况做出适当处理。

如果理智中心要肩负起经营生活这个它难以承担的重担，它就不得不让一切慢下来。它必须通过预先存储的习惯来处理事情，这些习惯是可以预测和控制的，这样它就不用再加以思考，可以像自动驾驶仪一样运作。只有这样，它在承担难以完成的工作时压力才会小一些。如果我信任我的本能，我会有一系列完全不同的反应，这些反应不是基于过去和习惯，而是来自于对当下状况的直接反应。我那些基于习惯的反应，在绝大多数情况下是没效率和不恰当的。

自我观察的首要任务就是尝试去观察各个中心的运作，

以及感觉每个中心运作时所需能量的不同品质。当然我们不只有三个中心，但为了达到自我观察的目的，我们可以从分辨这三个中心的运作以及感觉它们使用的不同能量开始尝试。

钻孔者的注意力

在幽暗狭窄的坑道里

只能用帽灯来照明

一个人跪在另一个后面

钻出填放炸药的孔洞

前面的人手持五英尺长的钻头

星形截面的钻杆有着锥形的尖

他的一只手离钻头末端有几英寸远

眼睛紧盯着钻尖

他从不向后看

后面的人挥动着十二磅重的锤子

用他全部的力气

眼睛紧盯着钻头末端

他从不向前看

在这个狭小的空间里

有节奏的击打声震耳欲聋

他们都把耳朵塞住从不讲话

有时候前面的人疲倦了

他想要休息

他不能喊叫

他不能回头

他只能在锤子落下后

直接把拇指放在锤子所敲击的钻头末端上

因为后面的人眼睛只盯着钻头末端

他从不向前看

第三章 怎样观察——基本原则

> 善知己利者，常专心利益。
>
> 佛陀《法句经》，第一六六偈

观察自己的练习包括去练习"找到自己"，即把自己定位于特定的时间和空间，定位于这个身体里，但同时知道自己不等同于这个身体，然后去管控这个身体。这就是记得自己。自我观察和记得自己合到一起就像左边和右边，其实它们是一回事。自我观察的练习是一个灵修体系中系列练习的一部分，这个体系称为**"第四道体系"**。这些练习是给予地球学校里灵魂们的指定工作，它们籍此来实现自我成长。我们被给予做人的机会，以实现灵魂层面的成长，并对造物主和他的其他创造物有所贡献。成熟的灵魂知道如何工作并且可以自己开始工作。佛陀把这叫作"圆满之路"*。因此，自我观察是一项必需的练习，是一种强有力的方法，必须按照一定的规则来练习。坏习惯会不断重复并制造麻烦，但一个谨慎而诚恳的练习者在困难与挣扎中总会找到内在的帮助。下面列出了自我观察的四个基本原则：

1. 不要评判

这是最难理解的一个原则。头脑就像一个评判者，不停地评判着我在生活中遇到的每个人、每件事和每样东西。它做出这样的评判是为了把接收到的信息归档或存储。我在生活中遇到的每个人、每件事和每样东西都被它归入两大宽泛的类别：喜欢或不喜欢（好的或坏的，等等）。然后，它会通过联想（即类比和对比）的方式不断地评判生活中遇到的一切，以便把它们贴上标签并归档。头脑还会对我的一切行为做出评判，**以此来制造出我和我的行为是分离的这样一种假相**：我讲了粗鲁的话，然后我对这些话做出不好的评判，这样被评判的行为和我就分离开来。从责备产生的那一刻起，被责备的对象就被分离开来。这样做，我就可以让自己看不到和感受不到自己的行为，从而不对它

---

* 《法句经》第 96 页。

们负责，也不承认它们属于我。评判使我看不到自己，而我完全信任这个评判过程，要么接受这些评判，要么排斥它们。但无论是接受还是排斥，我都"认同于"（即认为"我就是"）这个评判过程。它主宰，我毫无异议地服从。

因此，不带评判的观察就意味着让注意力稳定地停留在身体的**感觉**[17]上，稳固而镇定地待在身体里，同时放松身体，允许内在的反应过程自行消退。当理智—情感复合系统在内在引发任何对解决当下问题没有帮助的思绪或情绪时，让这思绪或情绪化做一股动力，来提醒我们把注意力稳固地放在身体的感觉上——安住在身体里，而不要去紧抓（"认同于"）那些思绪或情绪。找到自己，并管控自己的身体。当我能够不再跟随思绪或情绪的能量，或者不再让他们抓住我的注意力时，看看那些能量到底会怎样。猎人在草丛中搜寻猎物时，麋鹿会静静地隐蔽在草丛深处。理智—情感复合系统也在不断搜索我们的注意力，想要捕获和消耗注意力来达到它习惯性的既定目的：修复和维系它已有的模式。此时我们应该让自己的注意力像隐藏的麋鹿一样完全静止，保持平静和镇定。

维系的定律：得不到滋养的会变弱，得到滋养的会变强。如果用注意力滋养理智—情感复合系统，这个系统就会越来越强，而注意力就会越来越弱，稍有风吹草动就会被纷乱的思绪或情绪所分散和消耗掉。如果让注意力来吸收理智—情感复合系统的能量，注意力就会越来越强，变得更加持续、稳定和凝聚。即使处在最激烈的思绪或情绪风暴中，注意力也能够保持自由和稳定的状态。成熟灵魂的**目标**⑱就是即使在身体死亡的那一刹那也能够保持**自由和稳定的注意力**。灵魂就是注意力，它不需要去投射注意力，它本身就是注意力（意识）——我就是注意力。

2. 不要改变观察对象

这个原则也不容易理解。改变观察对象的冲动是一个陷阱，它会使我们持续地陷在罪恶感与责备的恶性循环中难以自拔。内在的评判者需要改变观察对象——这种通过评判强行去改变行为的做法会立刻抓住注意力，把它丢入一种"认同"于观察对象的状态。这时注意力就不再自由和稳定了，而是被评判的头脑抓住和消耗掉。头脑会通过联想（即类比和对比）为这个行为贴上标签，并归档到头脑中那按照"喜欢—不喜欢"或"好的—坏的"等标准来分类的巨大仓库里。一旦我的某个行为被贴上了"坏的"这个标签，我就会停止观察。我成了评判者，注意力也被评判消耗了。我无法再把自由的注意力放在身体内在的机能上，注意力都被评判抓住了。既然我现在认同于那个行为，并且那个行为被评判为"坏的"，那么接下来我就必须改变自己。例如"我要戒烟，吸烟是不好的"这句话本身可能是对的，但由于认同，那讯息便成为"我是不好的，我需要改变"。这样评判就开始消耗注意力的能量，习惯必须得到滋养才能存活和成长。

如果我们能够让注意力稳固而坚定地安住在身体的感觉上并保持身体的放松状态，评判者就没有出路，只能用自己的能量去滋养那稳固而坚定的注意力。思绪和情绪都是身体里的能量。能量守恒定律说的是物质（即能量）不生不灭，只能被转化。当一股能量流入身体时，理智—情感复合系统会抓住它，用它来演一出心理剧。按照能量守恒定律，这股能量一定会流向某个地方，如果不被理智—情感复合系统的心理剧消耗，就一定会转变为滋养注意力的养分。所谓的心理剧就是：基于"我不好，我是错误的"等评判挣扎着去改变自己，从而终其一生去演出自我改变的戏剧。我们还有另一个选择，那就是不带"认同"地去观察评判的过程，接受观察到的一切，允许它们待在身体里，不去做任何改变。只是观察、放松、接受和允许，既不支持也不反对。在古老的灵性学校中，这个练习被称作"neti-neti",即"不是这个——也不是那个(not this-not that)"。在萨满学校中,这个练习被称作"无为(not-doing)"。这个练习还被称作"让世界停止(stopping the world)"。成熟的灵魂会理解这些并遵循注意力的法则。不遵循这个法则的人就是囚徒或奴隶,一辈子被"认同"所束缚,毫无异议地完全按照评判者的要求行事,毫不动摇地去承受痛苦和悲伤。这种对评判过程持续的认同被称作"**污染**"[19]。

3. 注意身体的感觉并且放松身体

这个原则换句话说,就是没有对身体的感觉就不算是真正的观察。这在一些教学体系里称作"记得自己"。记得自己的最初阶段是找到自己。如果我只是在做自我观察而不能记得自己是不够的,在观察时,我需要先找到自己,把自己定位于特定的时空,定位在这个身体里,定位在当下。观察的同时我还要将一部分注意力放在身体的感觉上,身体总是会有感觉的。这些感觉可以从内在体会到,也可以在对身体的观察中体会到。如果我在观察时没有感觉到身体,那就只是在用理智中心观察。身体的感觉包括能量在体内流动的感觉、思绪流动的感觉、情绪流动的感觉、肌肉组织紧张的感觉、放松和昏昏欲睡的感觉,通过五种感官进入身体这部机器的图像、气味、味道、触感和声音，都是"感觉"的内容。没有身体感觉的观察是没有根基的，只会让人更加疯狂。它只会带来一些幻想：看看我，我现在正在"工作"；看看我，我一直都处于"工作"状态，无时不刻不在"工作"。头脑是会撒谎的，它会在没工作时想象自己在工作。在这里，我先把自我观察的前三个原则重申一次：

1. 不带评判地自我观察

2. 不要改变观察对象

3. 观察必须要有感觉相伴

注意力一定要有根基，要处在当下，专注于我面临的情况。注意身体是最好的办法，所有的"印象"都会流经身体，只有身体总是活在当下，也只能活在当下，而头脑则会离开当下四处乱跑。身体的感觉会一直处于当下。我必须记得"当下我在这里"，在此时、此地。否则这就只是想象，只是理智中心在伪装而没有根基，没有处在当下。身体里总是会有感觉，感觉自己的四肢（比如，试着在不看右脚大脚趾的时候去感觉它），感觉身体的重量和体积。另一个感觉身体的很好的练习是双脚站立，使脊柱正直，保持放松的姿势。这叫"身体感觉的练习"，它有以下效果：

①立刻把注意力（注意力就是我）带回身体，根植于身体里。②让注意力集中在身体和身体的感觉上。③把注意力的焦点从思绪和情绪上引开，拉回到当下。这样我就可以自由地选择，而不是让当下的情绪代替我选择，代替我说话，代替我行动。

换句话说，当我记得自己时我才是个真正的人，而非机器人或自行运转的机器。我的努力在任何情况下总是致力于让注意力（注意力就是我）自由，而不被身体里那些来自于习惯的力量所捕获和消耗。这样我就能自由地按照我的目的进行选择而不是被情绪所掌控。大部分人的态度都取决于情绪，他们被情绪所束缚。情绪代替他们思考、说话和行动。情绪好比天上的云——我不会去挂念天上的一片云，我不能改变它，我只能看着它。情绪就是内在天空里飘过的云，它不是我，我没有必要被它影响，它不关我的事。因此，对于成熟的灵魂来说，他们的态度不会受制于情绪。无论内在或外在的情况如何，我都能够自由地选择我的态度。无论我处于何种情绪的漩涡中，感觉身体的练习都可以帮助我不去认同，让注意力从里到外地去感觉身体，这就是在记得自己时进行的自我观察。

4. 无情地诚实面对自己 *

它的意思是无论多丢人,对于自己的情况都要讲实话。这种诚实对于自我观察是至关重要的,没有它,我们跟那些好面子的大多数人就没什么分别了。"无情地诚实面对自己"是自我观察的第四个原则,它会让我们保持诚实,也会产生一个美好的副产品——谦逊。谦逊是一种礼物,是一种美德,只有诚实地工作自己的人才会获得。我很容易对自己说谎,并把它当做家常便饭。在我眼里,我的自我形象可能会具有公正、杰出、高贵等所有优良的品质,也可能是坏的、丑陋的和不够好的。这两种形象都是虚假的,因为它们都是片面的。我会尽量在别人面前伪装出这样的形象,但我却看不到自己内在的冲突。我这种自我欺骗的习惯性行为使我看不到自己的本来面目,也避免了因为看到它而产生的痛苦。当我练习"无情地诚实面对自己"时,我会体悟到**自愿性受苦**[20]的意思。这时我可以不带自我欺骗和评判地如实看到内在的冲突。这样做我肯定会痛苦,但工作自己需要我们和痛苦在一起,不去做什么,不去改变什么,也不去评判好坏对错,只是全然地去感受那个痛苦。

---

* 这句话引自李·鲁索维克(Lee Lozowick)先生的教导。

和痛苦在一起可以让我们整个身体去感觉痛苦，情绪和心理的痛苦都只不过是身体里的能量，仅仅如此。只要**我不去干扰**，身体会知道怎么来处理它们。但我的习惯会出来捣乱：我会去琢磨这些痛苦，对它们做出反应，去评判、抗拒和试图疗愈它们……我的习惯让我去介入，但这样只会使痛苦被加剧和放大。如果我只是和痛苦在一起，什么都不做，只是去感觉身体和痛苦，身体就会转化痛苦的能量。如果我认同，我就会给痛苦增加能量，如果我能不带评判地观察，和痛苦在一起，在身体里去感觉它，痛苦就会来滋养我。这是一种身心能量的平衡过程。在牛顿物理学中，第一运动定律讲的是一个运动的物体（痛苦）会保持运动状态，除非有外力（不带评判的自我观察）来改变它的状态。

高德（E. J. Gold）先生说过："人类这个生物机器就是一个转化器。"没有我的干扰它知道如何转化能量。如果你能亲眼看到一次，情绪导致的痛苦与你的关系肯定会发生改变。因为你把清明带入了这个平衡过程，只是一次，你就能与以往有所不同。你的那些习惯当然不会就此消失，但**你跟这些习惯的关系改变了**，你周遭的世界也会从此不同。

诚实

如果你想了解真正的诚实

去看看狗就够了

狗一点也不在意外表

如果它喜欢

它会去抱皇太后的腿

狗完全不在乎你到底怎么想

如果它想

它会在教皇面前去舔自己的睾丸

狗不会在意地位、权力、财富、名声这些东西

即使是国王要来拿走它的食物

它也会去咬国王的屁股

因为它就是一只狗

狗就会这么做

在某一部分尚未被损坏的自我中

我们羡慕狗的诚实

因为我们发现这正是自己所缺乏的

我们知道在这个世界中保持这种诚实

会付出惨痛的代价

第四章 专注力

自我观察是很困难的。你越努力尝试就越能认清这一点。

现在,你们应该练习自我观察,但不是为了得到结果,而是会明白你们无法观察自己。

……你们可以去尝试,尽管那不是真正意义上的自我观察,但是它却可以加强你们的注意力。

葛吉夫《来自真实世界的声音》,第88页
G. I. Gurdjieff (*Views From The Real Wold*)

"我"就是注意力（意识）本身。灵魂就是注意力。以我现在的状态，注意力很薄弱，被各种各样的外界影响所损伤。本章开篇引述了葛吉夫先生的话，在那些话之后他接着谈到："只有获得注意力之后我们才能进行自我观察。"*我们是活在 21 世纪里被严重损伤的生灵。我们污染了地球的环境，引发了诸如癌症之类的致命疾病在全球的蔓延。更糟的是，我们对科技无意识地不当使用，导致它的发展失去了控制。电脑和电视严重损伤，甚至几乎毁掉了人类集中注意力的机能。我们神经系统的发育，在早期就受到

---

*《来自真实世界的声音》第 90 页。

了电视和电脑的影响。我们在 0 ~ 3 岁期间会生长出数以十亿计复杂的神经连接（Neural Connection），这些精微的神经连接可以使我们保持注意力，并且长时间地把注意力放在同一个物体或过程上。由于在婴儿期我们的头脑对屏幕上快速变换的影像的模仿，这些神经连接都被损伤或毁掉了。于是，我们的注意力总是处于快速变化和不断运动的状态，我们就成为了过度活跃但却严重缺乏专注力的族群。这样的族群同时有着被动的思维模式。我们习惯于依靠点击鼠标或听信权威来获得即时的答案，而不是自己采取一系列步骤解决问题。我们不会为自己思考，我们甚至不再知道该如何思考。

更严重的是，由于我们的注意力机能被严重损伤，我们无法把注意力持续地专注在同一个物体或过程上。我们的注意力不断地变动，我们的头脑飞速地奔跑。我们的情绪驱使我们不断去行动、去运动和寻找刺激。因此，在一开始，由于缺乏专注力，我们很难去进行自我观察，总是被思绪、情绪和外界刺激分散注意力。我们不断地进入和离开有意识的状态，但绝大多数时候，我们处于一种无意识的、机械的和自动运转的状态。因此，在第四道体系中我们说人不能"做"。这指的是我难以做出有意识的选择，并且不受干扰地将它坚持下去,最终达成目标。我们不断地开始新的项目、新的行动或新的关系,然后在没有完成的情况下将它们放弃。我们所做的甚至会与我们的初衷背道而驰。这在我们的关系中尤为明显。

我缺乏真正的意志力[21]。我自己根本就没有意志力,只是一个受习惯控制的生灵:习惯代替我思考、说话和行动,却打着我的旗号。我无法选择,习惯替我选择。我没有意志力。我是一部机器,一个傀儡。我被童年时别人加在我身上的习惯所控制。我被舶来的知识和信念系统所左右。我迷失了自己。我是一个无意识的生命,内在是沉睡的,无法自主地行动。更糟的是,我根本看不到这些。如果我们向他人做出这样的暗示,马上会招致愤怒、敌意和否定。我们之所以看不到这些是因为我们不知道如何观察自己。我看不到自己缺乏意志力是因为这需要无情地诚实面对自己,而且在相当长的一段时间里,我都难以拥有这种诚实的品质。只有通过长时间耐心、细致和坦诚的自我观察我才能具有这种诚实品质所需的意志力。

其实我们还没有糟到无可救药的地步,希望还是有的。以我们现在的状况,我们的身体和感受中确实有一种意志力,有些传统称之为"专注力"。无论我的注意力机能被损伤到何种程度，我还是能够对我内在的思维和情感过程、身体感觉以及行动投注一点点注意力。我可以开始去注意我的坐姿和走路的姿势，还有我说话的音调和面部表情。我可以注意到我的负面情绪。这些可以作为**修复注意力机能**的初步练习。只有持续而诚实地努力观察，我的注意力才会获得成长和发展。如果我真的就是我的注意力，那么注意力的成长就是灵魂的成长。这是我投胎时就设定好的任务，也是我到地球来的原因，即通过工作自己来实现灵魂的成长。

具有了专注力，我开始时只能够进行**后知后觉**的观察。我会毫无觉察地陷入习惯性的思维、情感或生理过程，任其发展。我会认同于习惯并被它控制。评判会紧随其后。我会被评判抓住并认同于它，并且因此进入更加无意识的习惯性行为。但迟早会有那么一些时刻，我会观察到发生在我身上的事情："当他＿＿＿＿＿＿＿＿＿＿＿＿＿＿＿（请填空）的时候，我又斥责他了。"于是我可以感知到这个习惯对我的内在和我的人际关系产生了什么样的影响。这种后知后觉的观察可以让我的行为模式显现出来，让我对它们有更多的觉察。这就叫做"自愿的受苦"，因为事后没人可以强迫我去观察已经发生的行为。我必须有意识地选择去面对，去观察我对己对人的所作所为，去承受观察到这些行为所带来的痛苦。这是受苦的一种形式，它是种有意识的受苦，不同于无意识的、重复的习惯性行为给我们带来的痛苦。

经过相当长的一段时间，注意力会得到加强，我可以**在认同的时候**具有片刻的清醒。这与后知后觉式的观察有所不同。尽管我的意志力还不足以打破我的认同状态，但我可以清晰地看到我再一次陷入了旧有的习惯性模式，并且能够开始意识到它们。这就是在当下的观察，它是长期而耐心地进行自我观察的结果。我终于可以开始**了解自己**了。最终，在某些时刻，我可以进行**先知先觉**的观察了。这时，我可以在认同于某个习惯性模式或行为的时候，通过观察而意识到它，这样我就能够记得自己（找到自己），并转换方向。因为我知道这习惯会把我带到哪里去，它是一成不变的。这就是真正的意志力诞生的时刻。这是**记得自己**的第二个阶段。如果说第一个阶段是把注意力集中在身体的感觉上，那么这个阶段就是在**与某种心情、感受、动作或习惯性行为认同的时候**把注意力带回到身体的感觉上。这是专注力进一步成熟的表现，它伴随着灵魂的成长和成熟而发生。而这一切都有赖于对自我观察和记得自己的练习。

最终，经过长期的练习，**先知先觉**的观察完全成熟起来：当一个新的印象带来的能量进入身体的时候，它会被警觉的注意力觉察到。在理智—情感复合系统还未能抓住这股能量据为己用之前，我的注意力会平静地集中在身体的感觉上。我记得自己，于是，进入身体的印象带来的能量没有受到干扰，身体可以实现它作为"能量转化装置"的高等功能。它可以把印象带入的粗糙能量转化成精微的能量，用于工作、观察和爱。

所以，在一开始尽管我的注意力和意志力都很薄弱，但我的内在有一种可能性。我可以利用专注力来帮助自己成长。感谢造物主的恩典，我们每个人都具有这样的专注力，只是很少有人了解如何利用它来让自己成长和成熟起来。

注意力的发展

我们随波逐流
我们不断分心
却忽视了眼前的事物

我们总是盯着未来
从而错过了现在的美妙

但是有少数人了解
通往神圣之路就在对当下注意力的培养中
这会让我们看到眼前的事物

有人询问哈佛的自然学家路易斯·阿格西斯
问他在暑假做了什么
他回答说做了一次遥远的大范围旅行
于是那人又问他遥远是多远
他答道
我穿越了自家后院一半的距离

第五章 观察对象

我们可以只是观察升起的东西……而不是用头脑去分析它……因为在这样的观察里蕴含着理解与智慧……理解显示了我们生命的深度,我们通过清晰、诚实和客观的观察来进行理解。

李·鲁索维克《盛筵还是饥荒:关于头脑与情绪的教学》,第 120 页

Lee Lozowick（*Feast or Famine: Teachings on Mind and Emotions*）

理智—情感复合系统迫切地需要我与它认同，然后把它当时的需求表达出来。这时一个"我"就会升起来，并且哭喊着寻求关注。我就是意识本身并且安住在意识里，而理智—情感复合系统却迫切地要把我从稳定的意识中分离出来。这种分离会带来痛苦，但我却欣然而急切地去迎合理智—情感复合系统的需求。

练习自我观察只是要我找到自己（记得自己），管控好自己的身体，即安静地安住于当下，一刻接一刻地注意到在这个人类生物机器里升起的东西，完全不去介入观察对象。我们当然会有种要去介入的冲动，人们都喜欢去评判和改变所观察到的东西。我之所以这样是因为我认同于观察对象，并且为它们所震惊。我很不习惯不带虚伪和欺骗地诚实看待自己，我被那个赤身裸体的皇帝*所震惊。自我观察剥去了我虚假的外衣，让我看到自己本来的面目，而非自己希望看到的样子，或是我在人前假装出来的样子，乃至自己想象出来的样子。我的本来面目并不好看，通常它会显得粗俗、粗鲁甚至残酷。我的本来面目就是疯狂的，当我看到它时首先会被吓到，因为那种状态在我们的社会中被认为是不好的，不可接受的，甚至是不合法的。社会上有专门的地方来关这样的人，而我不想去那里。于是我创造出自作聪明的面具、伪装、托辞、表演和把戏来掩盖我的神经病（尽管它们无法长时间地蒙骗别人，但至少我认为这样做很明智），好让我不会被关到监狱或疯人院里去。人们不愿意了解自己只是因为这样一个简单的原因：看到自己的本来面目通常会让人太过震惊，不知所措，无法承受乃至于心碎。

这时，练习自我观察的美妙之处就显而易见了：我无法在很短的时间内看到很多的东西。在任何时刻，我只能看到我愿意看到的那些东西，而很快我多年的习惯创造的防

---

*译注：指《皇帝的新装》故事里的皇帝。

御系统就会再度挡在面前。于是，我的内在再一次陷入沉睡和无意识的状态，我再度成为那个被习惯控制的生灵。这些习惯并不是错误的和不好的，它们在现在的社会环境中，对我来说是最有用的机能：它们会使我远离伤害（当然，如果我想要被伤害的话，它们也会"忠诚地"使我受到伤害），不至于被关到监狱或疯人院里；它们会保护我内在脆弱、柔软、娇嫩和敏感的部分。但后来这些所谓的保护不再有效，它们开始妨害我的人际关系，使我的潜能受到抑制，使我的能力得不到发挥，削弱我的力量并且让我自己无法看到自身的优点——通常别人都会看到我的优点。我们不得不面对这样一个事实：在绝大多数社会里，美丽会像丑恶一样受到攻击。这两者都是对社会现状的威胁。

在我们人生的某个时刻，我会问出打开灵性世界的关键问题："这就是生活的全部吗？"

这个问题最终会把我引向一个真正的师父，一个修行的法门，并且让我产生想要了解自己的深深渴望。对于初步的自我观察需要观察什么，我已经给出了一些建议（见本书第三章和第四章）。接下来，对于自我观察的对象我还会做出一些很有用的重要归纳，随后，我还会给出一些指导原则，告诉你在日常生活当中在不介入的前提下需要觉察的东西。只是觉察就足够了。只要我不去挣扎、评判、谴责或介入，这些注意到的东西会做出自我调整。它们的存在是有原因的，那就是服务于我。在我生命的某个阶段，他们对我起到了保护作用。在它们显现的时候我只是放松地注意到它们就够了，不要谴责它们，或试图去"修复"或"处理"它们。记住海森堡的测不准定律：观察行为本身就会改变观察的对象。这条定律简单明了地解释了我面临的状况以及自我观察这个与生俱来的美妙工具。就这一个工具就够了。一个优秀的机械师会学着去使用他的工具，使它们保持良好的状态，并了解如何使用恰当的工具去完成相应的工作。如果一个人想要寻求灵魂的发展、成熟和转化，自我观察从人类有史以来就一直是最佳的工具。

尝试对自己做下列的观察：

1. 身体里任何不必要的紧张

我们通过必要的肌肉紧张来做事，做事时那些过多的肌肉紧张称为不必要的紧张（比如搬东西时紧咬下颌，以及脸部、牙齿、颈部和背部等部位的紧张）。当我们把注意力专注于身体时（即**"可靠的身体"**[22]），注意力就自由了，不再被思绪和情绪所捕获和消耗。这就是最基本的"记得自己",它会随着自我观察而发生。我希望记得自己是谁,记得是谁在观察,记得所观察的对象。所以练习感觉身体,也就是把注意力放在身体的感觉上是非常有用的,对于练习自我观察来说至关重要。它使自我观察的练习生根,并摆脱观察对象对注意力的控制,否则这些思绪或情绪总是会抓住我们的注意力(我就是注意力——我就是意识),并把它消耗掉。感觉身体会让我与观察对象之间在客观上产生一种非常微小的距离,我能够从认同状态中解脱出来获得自由正是有赖于这个微小的距离。

如果你无法感觉整个的身体,就从局部开始。在你早上静坐的时候,从感觉右臂开始,让注意力从肩膀贯穿到手指尖,从内在去感觉整条右臂,感觉右臂内细微的能量流动,感觉右臂的重量和体积,然后放松右臂;接下来去感觉从右臀到右脚趾尖的整条右腿,放松;然后依次去感觉左腿、左臂、腹部、胸部、脊柱、后背、颈部、脸部、头部,把呼吸带到每一处,注意力离开时放松那个部位;然后再重复。当身体放松下来后,继续观察以下的内容。

2. 不必要的思绪

不必要的思绪无助于解决任何实际问题或与他人沟通,

并且与当下发生的事没有关联。当我走路时，只是在走，不需要思考；当我锻炼时，只是身体在动，不需要思考；当我吃饭时，只是在吃；当我站立时，就只是站着。试着让不必要的思绪成为一个引子，一个内在的"提醒"，帮助我再度集中注意力来放松身体。这样，思绪就不会抓住注意力并把它带走消耗掉。以我现在的状态，我很容易被思绪所吸引，沉迷其中，几乎完全靠它来主导生活。我出生以来所受的不良教育导致了这样的结果。头脑有它自己的位置，是一个非常有用的工具。它可以成为一个非常顺从的仆人，也可以成为一个残酷无情而又效率低下的主人。它本不应占据主人的位置，但我们的教育体系却恰恰将它训练成主人。头脑没有能力完成我们让它做的事，所以它经常"死机"，在主导我们的生活时显得无能而低效。

3. 不恰当的情绪

不恰当的情绪是对于当下状况的过度表达，是非常极端和戏剧化的反应，与当下的状况没有直接关联（好像处在想象或白日梦的状态中一样），是对当下状况不恰当的回应。不恰当的情绪也可以成为一个引子，一个内在的"提醒"，帮助我集中注意力来放松身体。这样，情绪就不会捕获注意力并把它带走消耗掉。

4. 习惯

观察习惯会更加有难度，但通过长时间耐心而不介入的观察，我们的模式会开始显现。如果我以同样的思维和情绪模式反应一万次，甚至更多次，连我这样的傻瓜都能够开始注意到我又走老路了，**而且结果永远是同样的！**因为习惯总是重复的，所以它是可以预料的。有一种对于疯子的定义，明确而又具有启发性，即重复同样的行为却期待不同的结果。而这正是一个凡人穷尽一生在做的事情，他们一再地重复同样的思维、情感和行为习惯，却期待有不同的结果。只有看到内在的模式，注意到重复发生的事情，感觉到这种二手生活的单调和无聊，我才会去渴望一种真正而实在的生活。这种渴望来自于我们的本质，它开始被搅动，并且有一点苏醒了。

作为一个灵魂，我们寻求真相。真相不可能是头脑中那近乎无休止的唠叨，那唠叨是神经质的而且是基于恐惧的。头脑会根据设定的模式对一切给予评价、批评、谴责，评判每一个行动、每一个人和生活中的每一个境遇。它带来的结果就是一种充满消极和恐惧心态的生活。上面所描述的一切都是以恐惧为基础的。我们生于一种以恐惧为基础的文明中，并被培养和训练成为一部以恐惧为基础的机器。我们生活在恐惧时代中，具有很深的恐惧妄想症，害怕生活，害怕他人，害怕爱。从这种基于恐惧的梦中醒来时，我发现生活中总是充满了爱。恐惧锁住了爱。恐惧是爱的阴影，阴影自身是没有品质的。我无法衡量黑暗，更别说定义它了。我只能以它的反面来定义它：黑暗是光明的缺失。同样，恐惧就是爱的缺失。我们由此可以得出一个公式：恐惧越多，爱越少；爱越多，恐惧越少。无条件的爱是灵魂的本质，在那里面没有恐惧的容身之地。真相是以爱的形式对生命的直接体验，我们通过对生活的本来面目进行不带评判的观察就可以获得这样的洞见。这种观察中没有头脑的评论（不必要的思考），没有恐惧（不恰当的情绪），没有身体的紧张（不必要的紧张），也没有对过去或未来的联想（习惯），只是简单、静默、放松而镇定地接受事物的本来面目。没有介入，没有评判，没有抗争，也没有谴责。自由的注意力就是觉醒的注意力。觉醒意味着：

（1）自由的注意力（没有认同于不必要的思绪和不恰当的情绪）；

（2）放松的身体（在任何环境和任何活动中，都没有不必要的紧张）。

这就是"没有被污染"或没有认同的状态。这就是在佛陀身上发生的事。他多年来尝试了你可以想到的各种不同方法，如戒律、苦行和瑜伽等，跟随过不同的老师和大师。一天他精疲力竭，带着无助的绝望跌倒在一棵菩提树下，多年来的清贫和苦行没有给他带来任何改变。

他彻底地臣服了。他的身体第一次彻底放松下来。他"就是这个样子"，他谁都不是，就是他自己。这时，乔达摩·悉达多就成为了佛陀，成为他的世界（他的身体）中觉醒的主人。他的注意力不再被任何东西所带走，无论是思绪还是情绪。他就是这样。

我们头脑中掠过的念头

它们总在变化

不值得相信

但我们却将自己的生活寄希望于它们

从而敲响了心灵的死亡丧钟

我们把它们当作自己

我们忘记了自己是谁

我们盲目地跟从它们

尽管它们把我们引向地狱的方向

我们饱受痛苦

直到某一天看清楚

它们以我们的名义犯下多少可怕的错误

我们爱着的这些妖女

在为我们唱响死亡之歌

她们才不是看起来的那个样子

我们以为她们是我们想要去讨好的那种女人

直到某个阴暗的日子你会发现

她们与魔鬼般的男人睡在一起
是他们的娼妇
于是你对她们从此没了兴趣

第六章 左脑是台二元模式的计算机——理智中心

> 诸法意先导,意主意造作。
>
> 佛陀《法句经》,第一偈

理智中心，也就是我们的左脑，总是最为后知后觉。它在所有的中心里是速度最慢的，这与它在人体内承担的功能有关，它不需要有本能中心或运动中心那样的速度来保护性命。它的功能包括：服务、记忆、观察、解决当下的实际问题和与他人沟通。这些是它在身体机能中担当的角色。我们生于一种崇尚权力和金钱的文化中，这种文化崇尚物质而非智慧。理智是至高无上的，因为它可以给我们带来这个社会最为看重的权力和金钱。我们整个的教育体系是构建在对理智的膜拜之上的。我们只教育理智中心而忽略身体的其他机能。我们甚至不承认灵感和直觉是真实的，不认为它们对教育过程有任何意义。因为它们不是来自于理智中心的，而是来自更高等的中心，甚至来自造物主。记得自己吧，人生逆旅中的疲惫灵魂！

我们文化中的教育系统对一部分大脑新皮层进行训练和模式化，这一部分约占新皮层总容量的10%，只具有记忆功能。这是新皮层的功能中最慢的一种，因为它要通过搜索和提取过去储存的数据来实现。这种搜索—提取过程是线性的，要一步一步来进行，我们称之为思考。它与灵感是不同的，灵感会即时呈现所需信息的全貌，它的呈现方式是完整的而非局部的。就像《新约》中所说的那样，不再是"彷佛对着镜子观看，模糊不清"，而是"面对面"了。有的体系称这种记忆功能为"归类装置"。

这个装置被我们的文化设定为二元的模式，也就是说，它会把所有摄入的印象分为两部分：喜欢的—不喜欢的，黑的—白的，好的—坏的，我的—非我的，等等。它是一个存储数据的仓库，简单说来就是存储过去。这个仓库有两个大储藏室，分别储存喜欢的和不喜欢的东西。我们经历的人、事、物和拥有的体验都立即被理智中心分为相对的两部分，从此处于分裂状态，不再是一个整体。我们的"自我"是分裂的，它由各种面具、把戏、谎言、神经性反应、神经症和习惯组成。我们的理智在幼年时把它造就出来，以便在这个疯狂的世界中保护我们。如我们所知的那样，"自我"也被以"好的—坏的"或"喜欢的—不喜欢的"这样的标准分割开来。凡是它经历过的有助于生存的东西都被贴上"好的"这个标签，不符合这个类别标准的东西都会被贴上"坏的"这个标签。有些东西即使具有破坏性和伤害性，即使是残忍和疯狂的，只要它曾经对生存有帮助，理智都会给它贴上"好的"这个标签，并把它作为一个习惯不断地重复。而对于贴上"坏的"这个标签的那部分自我，理智会去评判、打压，试图"修复"乃至除掉它。自我的一部分去评判和打压另一部分，会造成一个分裂的自我。对于疯狂有两个经典的定义，一个是重复同样的行为而期待不同的结果，另一个是具有分裂的自我。理智中心在我们出生后乃至降生前就被模式化，成为一台二元模式的计算机，而不再是统一或完整的状态。它被设定的模式本身就是疯狂的。大多数人终其一生都未曾发现头脑在控制着他们的整个生活。他们认为头脑里那强迫性的喋喋不休以及那无休止的噪音是正常的和与生俱来的。我们被文化和它影响下的教育设定成这个样子，并且确信头脑就是我们的主人。

由于我们的文化认为"头脑"是非常重要和有价值的，

因此理智中心被赋予了一项超出它特性和能力的任务：**主导生活并掌管这个人类生物体**。但事实上，头脑本来只是个忠实可靠的仆人，而非主人。把它置于主人的位置上会给它带来难以承受的负担，这超出了它能力所及的范围。这样的情况导致的结果就是思考机能——也就是理智中心——被逼疯了而停止工作。它本身设定的模式也注定会导致疯狂。理智中心总是处于运转的状态，很少停息。它从早到晚喋喋不休，即使在我们睡觉时也是如此。而我们迟早会把这种状态当做是"正常的"，乃至是我们生存所必需的。

头脑会花费大量的能量和时间来使我们相信它是绝对必需的。实际上我们的记忆系统只有单一的功能和兴趣：我们称之为思考。我们的头脑只会做这一件事。而当我们让它做生活和身体的主人时，它被吓坏了，因为它根本无法担负起这样的责任。于是恐惧成为它所有模式和功能的基础。**记忆中存储的绝大部分东西都是以恐惧为基础的**。我们也因此生活在恐惧中，并把这种恐惧反映到头脑创造出的文化里：我们都生活在充满恐惧的时代。

头脑最主要的恐惧来自于那些让它不知该如何思考的事物。它认为思想不存在时就等于失去控制，而失去控制对它来说无异于死亡。头脑认为思考就等于生存，因为它只有思考这一种功能。它只能像台二元模式的计算机一样来思考。它认为停止思考就是失去控制，并对此充满恐惧。理智中心全部的目的就是控制。它之所以这么执着于控制，是因为如果我的生活**不在它的掌控之下**，它就无法完成自己的任务。根据大脑研究人员推算，大脑每秒钟接收到的实际信息量有200万比特，而思考的头脑，也就是记忆功能，每秒只能处理2000比特，大概只占当下接收到的实际信息量的0.01%。那么，到底要关注和处理哪0.01%的信息呢？很简单，大脑只会去辨识和处理那些与它的习惯和信念相符的信息。由于它是一个基于恐惧的系统，因此它自然只会去辨识和处理那些令它恐惧的信息，**即使它根本找不到要恐惧的理由**。

在所有的事情和关系里，头脑总是出于控制的目的去思考、判断、设计、计划和操纵。头脑不会爱，只会思考。而思考不是爱。思考一个我爱的人与爱一个人是两回事。思考不等于行动。爱根本不在思考所及的范畴之内。爱来自于我们的自我之外，它是神圣的，来自于更高等的地方。爱就是上帝。理智中心无法控制爱，所以会惧怕它。理智中心害怕那些它既不了解也无法控制的东西。它不可能了解和控制显化为爱的上帝。头脑对爱充满恐惧。

因此，当爱作为一种高等能量进入我们的身体时会被头脑分割成两部分。头脑被设定为二元的模式，通过联想来工作，即进行比较和对比：这与我已知和存储的那些东西（过去）**是相似的**，或者这与我已知和存储的那些东西（过去）**是不相似的**。由于头脑是以恐惧为基础的，它随即就会把关注的重点放在它所不喜欢的部分上，并记录下来，供日后调用。这样做的结果呢？关系无法建立，爱也死去了。爱是整体的，一旦被分割开来，它就不再是爱了。

头脑（记忆系统）愿意去了解它所喜欢的东西，而不愿意去了解它所不喜欢的东西。这是因为头脑，也就是记忆系统被设定为二元的模式。它本来的初始状态是统一的：生活中的一切就是一个统一的场域，这个场域就是爱。所以，根本不需要去分类、命名、记录、排序、检视、评判和贴标签。但头脑就是一台被设定为二元模式的电子化学计算机，就是一台只具有"喜欢—不喜欢"模式的机器。对于不喜欢的东西，它就会拒绝去了解，这其中也包括了爱。

很快，你就会发现大部分通过诚实的自我观察收集的信息，我们的大脑都不喜欢。因此它会拒绝这样的信息，并且给出大量有力的理由、借口、证据和指责，以便可以去怀疑和忘却这些信息，并且不去依据它们做出反应。连你从这本书中收集的信息也是头脑不愿让你看到的，因为它会把幕后拉动线绳控制木偶的人暴露出来，也就是说把理智中心内在的运作暴露出来。

头脑获得主导权和控制权的方法很简单：**避免让自己被观察到**。请仔细琢磨一下这个领悟的美妙之处，以及它可以怎样帮到你，试着运用你的直觉去理解而不是去思考。自行运作的机械性行为，不断重复的习惯性行为是理智中心所需要的。为什么呢？因为这样它就不用再去思考。承担你内在世界的主人这个角色对它来说已经超负荷了，它无法满足这样的需求。所以它希望一切都是可以预计、可以控制和重复性的。它希望取得控制权，让我们不去真正关注我们的生活，只是基于旧有的、储存的和舶来的信念系统去行动。这些信念都是他人灌输给我们的，而根本不用理智中心自己去检视和考量，这些工作别人已经做过了。让理智中心自己来做这样的工作会使它感到恐惧，因为这可能会使我们脱离灌输这些信念给我们的群体。这样理智中心就不得不进入未知的领域，而这正是它所恐惧的。

对于理智中心来说，最让它恐惧的莫过于未知了。因为那未知的，那真正未知的东西，是它所无法思考的。它只会思考已知的东西，已知的东西都是曾经发生过的，也就是过去。据我们所知，思考不同于灵感，它只能以过去为基础来进行，或是把它在过去知道的东西投射出来，想象它也会在未来发生。所以说，这台二元模式的电子化学计算机，就是一台"过去—未来"模式的机器，只会遵循"喜欢—不喜欢"、"过去—未来"这样的二元模式来运作。

要记得这台计算机具有很强的选择性。如果我们每秒接收到200万比特的散乱信息，它只能处理其中的大约2000比特。所以它实际上每秒必须要排斥掉大约199.8万比特的信息。到底它以什么样的依据来选择需要保留和吸收的那2000比特信息呢？

很简单。理智中心会选择那些**可以证明和确认它既有世界观**的信息。这些观念以信念系统的形式存在。如果它确信这个世界是个冰冷的、不友善的和令人恐惧的地方，那么它就会接受和吸收能够证明这一点的信息，所有其他的信息要么被排斥掉，要么被改变（扭曲）成符合需要的信息。如果它相信我不够好（这是我这台电脑的主导信念）或我很笨或我很丑，那么它接收信息时，就只会选择那些能够证明我的自我认知和世界观的信息。

理智中心是懒惰的，它不愿承担那些被愚昧的教育所定义的"不可能完成的任务"。因此，为了避免去思考每一件事，它会对一切都想当然地去做，而且非常有选择性。这样，它就可以用自动运转的方式来工作，从而省出时间来做它喜欢的事：幻想。大脑的左半球把绝大部分时间花在幻想和做白日梦上。对于它造出的梦，它会当真并做出反应。它不会去分别幻想和现实。对于一个存储器来说，存储进来的都是实际的信息。对理智中心来说，幻想与外在的情况一样真实。我们就像被编好程序的机器人一样，对幻想做出反应，采取行动并对它们深信不疑，就像它们是真的一样。如果理智中心的模式是关注好的东西，它就把自己命名为乐观主义者，而如果它的模式是关注坏的东西，那么它就称自己为现实主义者。乐观—悲观也是二元的模式，在这两个极端之间，自我观察会创造出第三股力量，一种平衡或"中和"的力量，佛陀称之为"中间的道路"。

语言不是行动

我认识一些人

尤其是在大学里

他们认为如果可以发表很好的演说

或是为杂志写长篇的文章

就会让他们成为有行动力的人

印第安人对此有着更多的了解

战士在上战场之前

会保持静默

他同人们一起进入汗房

大家敲鼓,唱诵和祈祷

随后他闭关三日

为自己的死亡做好准备

他出关后准备出发

他的女人会递给他战斧和弓箭

没有人会说一句话

有些人战死或重伤而回

大家会升起篝火

聚集在一起聆听战斗的故事

战士们会不停地欢笑

调侃彼此

争辩真实的故事到底是怎样

他们知道伤痛会被疗愈

他们知道死者会被喂食鸟儿

印第安人有句老话：

言语会掉落在地上

就像狗拉出的粪便

行动会升起到空中

就像灵魂离开肉身

第七章 盲点——进行捕获和消耗的系统

每一个现象都从能量场域中升起：每一个想法、每一份感受以及每一个身体的动作都是某种能量的展现。在人类这种不平衡的生灵的内在，不断会有某一种能量升起，从而淹没其他的能量。在这种头脑、感受和身体无休止的争斗中产生了一系列不断变化的力量，每一股力量都坚定地谎称它自己为"我"。在各种欲望的不断更替中，只有混乱的冲突模式一再上演，持续的意愿和真正的渴望都不可能存在。在这种混乱的冲突模式中，我们走过生活，而我们的小我则幻想着它已经拥有了意志力和独立性。葛吉夫将这种情况称为"恐怖的处境"。

彼得·布鲁克《神秘的空间》，第 30 页
Peter Brook（*The Secret Dimension*）

宇宙中的一切都要进食,也都是食物,这是一条法则。无论是对于银河还是原子微粒,上帝还是各种生灵,地球还是人类,这条法则在各个层面上都行得通。与此相关的另一条法则是:得到滋养的会更加强壮,得不到滋养的会死亡。这条法则也适用于不同层面,在物理学上为真,在超自然科学里也同样为真。我们的心灵围绕着一个核心要素或者说一个固定的神经模式建立,在不同的体系里我们对它有着不同的称呼,"污点"、"局限"、"主要特征"、"主要问题"、"主要缺陷"、"卑鄙的专制者"或是"**盲点**"[23]——这些都是不同的工作体系给**自我**[24]最为主要、显著和重要的核心起的名字,也是自我最基本的神经症或叫信念系统。

我的心理机能正是围绕着这样的缺陷建立起来的，这个缺陷把自己隐藏起来以便控制我的整个内在世界。要命的是，**我竟然被我的缺陷迷住**！我很信任它，并让它掌控我的生活：它控制着我的理智—情感复合系统，它会捕捉和消耗我的注意力，它需要被不断地滋养。我很喜欢"卑鄙的专制者"这个称呼，因为我的缺陷就是这个样子，就是这种表现。萨满的体系里经常使用这个称呼，但为了方便我将我的缺陷称为"盲点"，这个词简洁而精确地描述了它对于我的意识所采取的行动：它依靠消耗我内在的能量而存活，它的构造使我在日常生活中无法看到它。就像基督曾经在《新约》中说过的那样，"我们很容易在邻人的眼中看到污点，却看不到自己眼中的梁木"。这是一个法则。我们的构造决定了**我们无法看到自己的缺陷**，但却很容易看到邻人的缺陷。地球是为有缺陷的灵魂开设的学校。我们每个人都有一个缺陷，它可以滋养成长中的灵魂。所以，我们每个人都有一个盲点，我们的心理模式就是围绕这个盲点建立起来的。这个盲点主导着我们的生活，控制着我们的关系。其他人都能看到我的盲点，而我们自己却看不到。一个精明的人会发现，当其他人指出他的盲点时，他会否认，并且会为他人这样看待他而感到气愤。只有通过不带评判的、最为耐心和诚实的自我观察，经过相当长的一段时间，一个人才会获得看到盲点所需的清明、诚实和力量。

盲点会窃取注意力的能量作为自己的食物。它并非只是活在我们内在的某一个中心里。它会与理智和情感中心协同运作，创造出一个理智—情感复合系统（有的体系称之为"**迷宫**"㉕）。有时它会显现为一种思维模式，有时是情绪模式或者习惯，而思绪常常会触发情绪。由此它们形成了一个复合系统。我的盲点是自我憎恨，但它却被一系列的习惯保护和掩盖了起来。这些习惯包括：对被拒绝的恐惧、对关系的恐惧、对亲密的恐惧、疑虑、欺骗、愤怒以及自我毁灭等行为。多年以来，我的盲点看起来像是说谎，随后又像是对被拒绝的恐惧，随后又好像是一些其他的习惯。我一层层地穿越，每一层习惯的背后总是有另一层东西，而我的盲点一直隐藏着。我的盲点在最核心的地方就是自我憎恨。对其他人来说，那盲点可能是贪婪、嫉妒、不诚实、缺乏耐心、歇斯底里、喜悦、色欲、妒忌、搬弄是非、罪恶感、指责、虚荣、骄傲或其他的东西。对我来说，认为"我不够好"就是我的盲点展现自己的方式。

盲点得到滋养，就会长得更加强壮。它以一个滋养系统的方式运作着，也就是说它由来自于同一个整体的两个共生的部分组成。这两部分总是一起工作，其中的一半跟随着另一半，就像影子跟随着身体一样。这两半都处于滋养系统中，如果自我观察只是抓住这个系统的一半，那么这种观察就是不完整的，这样也就符合了这个滋养系统的目的。这个系统只有一个目的——捕获和消耗注意力。它需要靠注意力来获得滋养，因为注意力就是我们，就是意识，所以这个系统的目的就是要吃掉我们。于是，这里有两种可能性，要么是盲点消耗注意力，以它为食，要么是盲点被注意力所消耗，成为注意力的食物。而后者也正是灵魂成长的方式。这印证了能量守恒定律：能量既不会凭空产生，也不会凭空消失，它只是被转移了。在这里，我想要强调转移这个词，于是用"转移"替代了"转化"。在整个宇宙中，能量不断地转移，从太阳到地球，从地球到人类，以此类推。我们的内在也是如此。在盲点上也在发生着能量的转移，这使得盲点可以成为一种食物来源，而它**本该**是一种供灵魂成长的食物来源，这才是盲点真正价值的体现。所以，如果能以适当的方式对待盲点，不去评判和进行任何形式的介入，盲点就会滋养注意力，它的能量就会转移给注意力。如果对待盲点的方式不当，我们就会认同于盲点，并且去评判观察的对象。这样，注意力的能量就会转移到盲点中。一方成长了，另一方就会被削弱。这是很自然的。

以下是滋养系统的运作方式：

1. 捕获

首先，我们需要有一个行为——什么行为都可以，只要是习惯性的行为，我们都可以了解和辨认出来。这个行为可能是猜忌、嫉妒、色欲、贪婪、奢求、仇恨、争执、介入或是任何习惯性的、机械性的和自动化的行为。我在应对盲点时是有优势的，这种习惯性的行为是完全可以预计的，当我看到过它们10000次以后（甚至更多次，我是一个学习速度很慢的人），它们一旦露头，我就能马上认出它们，并且每次都能非常准确地知道它们会把我带向哪里。所以，我需要做到将注意力集中在身体上，在一个放松的身体中保持活在当下的状态。无论在做任何事，无论身边发生任何事，我都尝试去找到自己，管控好自己的身体。这样，在盲点出现之前我就能够做好准备。

放松的身体是可靠的。注意力如果集中在对的地方，它就无法被捕获。集中在对的地方指的是无论任何行为发生（猜忌、嫉妒、贪婪、色欲、哀伤、奢求，等等），都把注意力集中在身体的感觉上，放松身体。

但是我们那围绕盲点构建的自我知道如何捕获注意力，对于如何吸引或抓住注意力，自我已经有了上万次的经验。自我是机械的、重复性的和习惯性的——它就是习惯的复合体。所以这个系统的前半部分就是**捕获注意力**。

2. 消耗

滋养系统的后半部分是评判我们的行为（也就是认同），它会自动地、习惯性地紧随这个系统的前半部分，因此它也是可以预计的。当我有猜忌、嫉妒、色欲、愤怒、仇恨、过量饮食、说负面的话、说闲话等各种行为时，马上会有对这个行为的评判紧跟其后，这就是这个系统的后半部分。先是行为，然后是反应，这是一个定律*。当我想要改变我的行为，我会去做内在的观察，但这只完成了一半，我还没有完整地观察到我想改变的那个内在系统。基于不完整的信息或观察，我只看到了这个系统的一半，我在这样的情况下所做的决定会使我处于危险的境地，并且会给我的工作带来风险。到底什么对我是好的，我所知甚少，我也不了解我内在那微妙的平衡。如果我改变一个部分，每一个

---

* 牛顿第三定律：每一个作用力都会产生一个等量的反作用力。

部分都会有变化，我可能会处于比开始工作之前还要糟糕的境地。

我还没有了解到：我想要改变的部分，我想要改变的行为，或者更准确地说，我想改变的**习惯**，并非一个独立的过程，它属于一个**更大更完整的系统**，而习惯只是这个系统的一部分。一个系统就像是一个圆。观察习惯性的行为只是在观察这个圆的一半，180度，而非360度。我想要改变这个习惯的原因是因为我对它有了评判（与它认同了）。这是很简单、很明显的。除非我把一个**习惯**评判为坏的、错的、龌龊的，否则我不会想要改变它。这是一个很有意思的地方，对习惯的评判就是一种习惯。这个习惯有赖于先做出坏的、不好的评判，并从中获得能量和力量。对习惯的评判是这个习惯的另一部分。这个习惯其实不是对酒精、甜食、色情或八卦的爱好或任何我们观察到的其他东西，而是爱好**饮酒（以此为例）并且对这种行为做出评判**，这才是那整个的系统，完整的、360度的圆。这个完整的系统让我们的自我保持现状，停留在既有的位置上。对我来说，我的现状就是自我憎恨，这就是我评判观察对象的行为背后隐藏的力量。自我的存在有赖于这样的认知：我不够好，我是有问题的、有损伤的，我需要解决问题、修复损伤。

自我就是发现问题和解决问题。如果没有问题，也就没有解决问题的需要，没有自我存在的基础了。

评判（系统的后半部分）只有一个功能：消耗注意力。我们的污点，或者说盲点**以注意力为食并将它消耗**。按照法则，盲点会因此变得强壮。得到滋养的会变得强壮，这就是法则。

另一方面，注意力可以通过被自我滋养而存活并强壮起来，这时滋养系统就会这样运作：注意力安住在家里，没有被这个循环的前半部分（行为）所捕获。"安住在家里"指的是，无论什么被丢到注意力前面，**注意力都持续地去感觉和放松身体**。如果注意力保持稳定，稳固地专注在身体上，并保持身体的放松，这个系统的后半部分，即反应（评判）也就无法捕获它。当注意力不被行为或反应所捕获时，这个滋养的系统就会去滋养注意力。于是我内在的注意力（即灵魂）就会变得更加强壮，从而能够更久地保持专注而不被捕获。

所以，自我观察的第一个原则就是不评判。这并不意味着评判会就此停止，我只是不再认同于评判，不再去滋养它，而是用它来滋养我。内在的注意力每天都需要得到适当的滋养，所以每日的静坐就显得尤为重要。它会给我半小时不被打断和打扰的时间，供我来练习让注意力生根和安住在家里。任何时候当注意力被捕获时，只要我"记得自己"——也就是变得有意识，意识到自己被捕获了——我就可以"再度开始"。我们都是初学者，我自己也是初学者，每天我都会一次次地再度开始。逐渐地，在被理智—情感复合系统捕获和消耗之前，我就可以"记得自己"（即找到身体，让注意力回到对身体的感觉上并放松身体）。

所有不必要的思绪、不恰当的情绪以及不必要的身体紧张都在为我们的盲点服务，我们可以预料它们总是会把注意力引向盲点。而注意力一旦被盲点捕获就会被它消耗掉。所以，要去观察不必要的思绪、不恰当的情绪以及不必要的身体紧张。放松的身体是可靠的。不要评判、谴责、批评，只是观察。如果我不把熊吃掉，熊就会吃掉我。

盲点的唯一目的就是滋养自己，它通过触发那些使它得到最佳滋养的模式来实现目的。那些模式就是理智、情感和身体的习惯。这些模式总是伴有身体上不必要的紧张。如果这些模式在任何情况下出现，我都马上将注意力专注在身体上，深呼吸……并保持身体的放松，**那将会怎样**？你可以自己去验证，而不要只是听从一些所谓的专家给出的建议，即使这些所谓的专家有着各种文凭、证书和头衔。

自己去**验证**，否则你将会被借来的知识、他人的见解和自己的盲点所束缚。

去改变观察对象的努力只是在浪费能量，而且难以带来改变。这种努力也是一种习惯性和机械性的行为，只会使更多的能量被捕获和消耗。通过观察所积累的理解，我们可以逐步耐心地改变我与观察对象的关系，也就是说我可以不那么容易地认同存储在"迷宫"*中的各种剧本和形象。这样我与它们的关系就会变得：①漠然；②客观；③不执着。评判会使我努力去改变观察对象，所以，"捕获和消耗"系统的后半部分通过我对观察对象的评判来抓住我。这种评判每次都会抓住我，使我的盲点（自我憎恨是我的盲点）不被触及并且得到很好的滋养。

评判无可避免地会伴随着不恰当的情绪——因此不恰当的情绪就是一个致命的信号，说明盲点在开始运作。这是一个即时反馈机制。所以自我观察的基本原则就是观察不恰当的情绪。评判也无可避免地会伴随着不必要的思绪，它说明盲点又开始运作了。这是另一个即时反馈机制。所以自我观察的基本原则也包括观察不必要的思绪。同样的，

---

*译注：此处指"理智—情感复合系统"。

评判也无可避免地会伴随着不必要的身体紧张，所以自我观察的基本原则也包括观察不必要的身体紧张，并放松身体。这些即时反馈机制都可以帮助灵魂发展、成长和成熟。它们不是缺陷，而是帮助我觉醒的天赋。它们是灵魂的食物。

所有为了变得有意识而付出的努力都不会白费，无论它多么的微小。这是工作的一个法则。每当我进行观察，我内在某些有意识的东西（注意力）就会因为得到滋养而成长。不要强求，每次观察一点，我不在意"大的进展"，只在乎为"了解自己"而进行的稳步、耐心、谨慎而正确的努力，这就是我们获得自由的希望。把希望寄托于头脑是疯狂的行为，把希望寄托于情绪会带来哀伤和痛苦，而把希望寄托于自我观察则是力量与智慧的体现。这样可以滋养注意力，从而带来更多有意识的状态。于是，我也成熟起来。

你这家伙应该知道自己算个什么

我将车停在加油站

一个女人驾车从加油泵后面冲出来

正好从我面前切过

我猛踩刹车,按响喇叭

那女人停住车从车窗探出向我喊叫

你这家伙应该知道自己算个什么!

是的

我确实知道

我是一个可怜卑微的失败者

除了加油泵什么都不知道

我是一个受过教育的自满之人

喜欢长篇大论

给我一块钱我就会把所知的全都讲给你听

我是一个恐惧紧张而孤独的骗子

只要哪个女人对我显示一点仁慈

我就愿意把自己出卖给她

我是一个茫然而绝望的傻瓜

不知道自己如何来到这里

接下来又要去向何方

我是一个三流的诗人

是上帝一个消沉而堕落的情人

是一个迷恋佛法和真相的精神流浪汉

为大师的教导拉皮条

我想知道的是

这个女人是怎么知道这些的?

第八章 第一反应机制——默认反应模式

> 如果我们能够清晰地观察，我们会看到（也许不是马上，需要一个过程）"我"从来就不会愤怒。我们还会看到愤怒来自"我"周遭围绕的一些东西，愤怒并没有触及到"我"。
>
> 李·鲁索维克《盛筵还是饥荒：关于头脑与情绪的教学》，第 121 页
>
> Lee Lozowick（*Feast or Famine: Teachings on Mind and Emotions*）

疲惫的旅人，你是一个哺乳动物身体里的灵魂。你有必要了解这个身体如何运作，了解它内在的机能以及外在的表现。哺乳动物有五种学习方式：观察、重复、模式化、尝试并出错，以及玩耍。自我观察会采用所有这五种学习的模式。理智—情感复合系统内置于我们的中枢神经系统里。在所有哺乳动物的神经系统中默认的设置，或者叫第一反应机制，就是求生的本能。这是所有哺乳动物的底线，对我们来说也是如此。大多数的人都在以求生的模式生存着：以求生本能对任何可能带来痛苦的威胁做出第一反应，**无论那威胁是真实的还是想象的**。本能中心的速度是最快的，它内置于我们的中枢神经系统内，活跃而有力。它的唯一功能就是保护我们的身体不受伤害。

求生本能位于肚脐（即本能中心），承载了两种原始的基本情绪：愤怒和恐惧。这两种情绪会引发不同的行为。如果我的天性对威胁的反应是愤怒，我就会战斗；如果我的天性对威胁的反应是恐惧，我就会逃跑。生物学家把这种求生本能命名为"战或逃反应"。本能中心与运动中心联结得很紧密。

第一反应永远都只会是以自私、求生和恐惧为基础的[*]，没有其他可能；求生永远都只会和"我"有关。本能中心承载着"求生本能"，它已经在我们这个人类生物机器里建立起了首要的地位：我觉得它永远是第一个了解情况并做出反应的部分（邬斯宾斯基认为情绪更快，我不同意）。所以，我对痛苦或可能带来痛苦的威胁——无论那威胁是真实的还是想象的——做出的第一反应**永远都只会是**自私的、基于恐惧和以求生为导向的。你可以预先了解这些信息，但现在你必须通过耐心细致而且不带评判的观察自己去验证。为什么要评判求生本能呢？它被内置于我们的哺乳动物机器内，哺乳动物总是会以本能中心做出反应。这不是错的，

---

[*] 感谢杰·兰德费尔先生（Mr. Jay Landfair）对此的教导。

它本来就该如此。

大多数人都是以本能中心来主导生活和人际关系的。这个世界以及我们人际关系的现状都是以此为基础的。求生本能信奉"以眼还眼，以牙还牙"的原则：如果你伤害我，我就要报复你，甚至要把你伤害得更厉害。所以人与人、国与国的争斗总是不断。求生本能是无意识的和机械的，它必须如此。如果开车时有人突然并道，我会紧急转向来避免受伤。我没有时间去思考或表达情绪，这些都是后话。你伤害我，我就会攻击你。《新约》教导我们要"转过另一边脸来"，这是一个有意识的高层次高难度练习，绝大多数人是做不到的。我们的第一反应永远只会是自私的。

只有人类这种哺乳动物在受到言语或行为的伤害时才可能有其他的选择，只有练习自我观察的人才有能力做出其他的选择。否则，我们只能听命于自己的生物本能。机器只能去做制造它时设定好的事情。如果我在关系中不断重复本能的行为，其他人也会这么对我，这样的结果只能是一连串失败的人际关系和国际关系。我不断地以愤怒或恐惧对每一种伤害做出反应，无论那伤害有多细微。我的反应要么是回击，伤害对方，要么是冷落我爱的人，收回我的爱（这是一种消极的伤害方式）。这时，只有有意识的人才有选择的余地，而我们现在离有意识的状态还差得很远。让求生本能服从于工作，"转过另一边脸来"，是一种高层次的练习，在萨满体系中称为"战士的演练"（The Warrior's Maneuver）。这是一个对于痛苦或可能带来痛苦的威胁采取的理智回应，而本能是非理智的。

这也不是盲点会做的事。理智的反应与满足它被滋养的需要毫不相关。理智的反应是它最不想做也最不需要的，无异于为它敲响了丧钟。所以，使我以哺乳动物的方式马上做出自私和不理智的反应才更符合盲点的既得利益。

工作的人会了解一般人对于痛苦或可能带来痛苦的威胁只有两种可能的反应方式。我了解求生本能也是其他人的第一反应机制，这种机制只可能是自私的，它牵涉到有机体的存活。这就是为什么这种机制要首先做出反应。在庞大的食肉动物兴盛的时代，我们是它们喜爱的食物，那时我们就是靠着这种机制活下来的。对于这种内置的反应方式，我们没有其他的选择。

但是工作的人对于是否要依照求生本能反应是有选择的。我可以选择是否听命于战或逃的反应。当冲动开始由中枢神经传导，让身体做好战或逃的准备时，我可以选择找到自己，管控好自己的身体，不做反应，不加评判，不做出任何改变，只是去观察，并且**让身体放松下来。**

有意识的人会把呼吸带到肚脐（即本能中心），放松身体。这样，这股能量的冲击波就会被转化为更加高等和精微的能量，我们可以称之为爱或智慧的能量，或者只是称之为工作的能量。我能够不用这股能量去回击或逃开，而是客观地去理解我和他人内在的反应。这样我就能够不去顾虑自身所要付出的代价，冷静地找出可以帮助这段关系更好发展的最佳方案。这样的行为曾被觉醒的人称为无条件的爱。

在中枢神经系统内还有一种与"第一反应机制"相应的机制，叫做"默认设置"，它位于情感中心而不是本能中心内。情感中心的运作比理智中心快很多倍，它的功能是衡量——它是一个内置于生物机器中枢神经系统内的衡量设备，它的目的是让我们求生的机会最大化。它与本能中心的求生本能紧密协作。情感中心只会去衡量一件事，即某种情况、某个时刻或某人的危险程度；换句话说，即某种情况、某个时刻或某人能带给我多少好处。好处越多，危险越小，身体里的紧张也就越少。所以，求生本能并非只是在突发情况下才起作用。

情绪只是身体里的能量，它的功能就是衡量环境有多少危险和多少爱，这种身体里的能量再没有其他的功能。有趣的是，实际上只有一种不断流进身体的能量，没有它身体就会死亡。这唯一的能量就是爱。造物主就是公正客观的爱，这种爱的能量不断流进所有生物体内，否则它们就会死亡。但是经过一系列训练、限制和设定，人类生物机器只会在认同的状态中按照自身的模式（即"思维定式"）将爱的能量转化为各种"情绪"，并认为这种习得的转化能够最好地保障生存的需要。如果我认为这些情绪能够成功地给我带来求生所必需的东西，就会把它变成习惯，并且作为"默认反应模式""植入"情感中心。这样在受到极端的威胁时，作为中枢神经系统一部分的情感中心就可以立即以这种默认的习惯性情绪做出反应。抑郁就是这种情绪中的一种，很多人都乐此不疲。为什么？**因为这会吸引别人的注意力，让他们来拯救我和照顾我，这是符合求生本能的。**当然，这样的逻辑、行为和习惯是在我们很小的时候形成的，原因可能是看护者没有在我们需要的时候给予适当的反应或讯息。这没什么"不对"，哺乳动物只是受制于自身的局限，以他们的习惯性模式做出了反应。"万不以有罪的为无罪，必追讨他的罪，自父及子，直到三四代"*，这说明了习惯性的情绪和思维模式会在家族系统中承袭几百年，一代传给一代，没有终结。在我所处的环境中只要有威胁，**无论这威胁是真实的还是想象的**，这些习惯性的情绪模式都会作为情感中心的默认反应模式。

在一个家庭中，默认的反应模式可能是愤怒，可能是抑郁、盲目乐观、吸毒、虐待、身体和情感上的冷漠，或是抛弃，等等，这个清单还可以继续写下去。情绪是身体里的一种能量，用来衡量危险与爱的多少。对于它我要如何处理取决于两个因素：①接受并固化的模式，即成为默认反应模式的内在局限和预设；②来自一个有意识的觉醒者的自由注意力。如果我是一个有意识的觉醒者，我就可以**依照我的目的来做出选择**。如果我是一个被无意识习惯驱动的普通人，我的"默认系统"，我习惯性的情绪取向就会替我做出选择。习惯会以我的名义、用我的声音去说话，会替我去行动，而我则需要去承担这些可能会改变人生的选择所带来的后果。这个人类生物机器内那些机械的、无意识的习惯性模式所做出的选择完全没有理智，没有意识，

---

*《出埃及记》34 章第 7 节。

而我有时则需要用余生去为这样的选择买单。抑郁就是这样的一种模式，它通常是故意的，但也有例外，我对它的反应也是如此。情绪就是能量——我也是能量组成的，我如何使用这能量取决于我内在的状态是习惯性的、无意识的和机械性的，还是有意识的、有目的的和主动的。

只有通过在不介入观察对象的前提下所进行的耐心、诚实而放松的自我观察，我才能开始看到和了解这一切，从而依照我的目的来做出选择，而不是做一个被第一反应机制或默认反应模式所驱动的机械的和无意识的机器。只有这时，我的人际关系才有可能是成功的，并且给我带来满足感和灵魂的滋养。

你不知道爱是什么

在去野餐的路上我停下来

去买苹果派和我最喜欢的玉米片

我们到达目的地

我们喝啤酒，烤汉堡

玩得很愉快

为了显示我是多么好的一个人

我把剩下的苹果派留给他们

但是把玉米片包裹好小心地放在保温箱旁

这样我就可以把它们带回家了

它们是我的最爱

第二天我去厨房找玉米片

但却根本找不到

我找遍了家里然后来到洗衣房

她正在洗衣服

我问她玉米片去哪里了

她说为了显示自己是个好人

她把玉米片留下了

这就是争吵的开始

它一直在继续

直到以每一次都一样的方式结束

她哭了

当我试图通过说我爱她来安抚她时

她说你并不爱我

你并不知道爱是什么

我寻思着

当然是默不作声地

说我不懂爱真是胡说

我爱那些玉米片

第九章 群「我」

……心灵的寿命与控制身体的每一个"面具"或"态度"同样长……通常是15秒。这根本就不够去完成任何事情，更不用说去收集高等物质，让自己完美并结晶出一个灵魂。

E.J.高德《奉献的喜悦：苏菲之道的秘密》，第13～14页
E. J. Gold（*The Joy of Sacrifice: Secrets of the Sufi Way*）

第四道体系中最难理解的概念之一就是我们的内在不是统一的,没有一个随时随地都在的"我"。我们的内在有一群"我",它们是分裂的,由几十乃至几百个互相争吵、竞争和打斗的"我"组成。每一个"我"都有着自己的企图、口吻、情绪和信念。对此,我们难以马上理解,只能获得在理智层面的一个认识。我相信我是合一、完全和整体的,而我出生后被塑造的心理模式则会让我无法看到内在的真实状态。心理学把这种状态称为精神分裂,并且称之为一种精神疾病。但整个人类就是这样的状态,每一个我遇到的人都会无一例外地受到这种内在状态的困扰。

而我们却不愿意承认自己内在的分裂,因为这样会给我们带来风险——社会上有为这样的人预备的地方。所以，为了避免被射杀、关进监狱或是精神病院，我们都精心地发展出各种伪装、面具、角色、游戏和虚假个性来掩饰我们内在的分裂。逐渐地，我们开始认为这伪装就是真正的自我，并且会为了保护它不受攻击或不被暴露而战。

我的内在充满矛盾，而我却只能看到其他人很明显充满矛盾。我无法理解为什么即使我为他人指出来，他们也看不到自己内在的矛盾，而且通常我这样做时会招来他们的反感和防卫，以及对此的否认。我其实和他们一样，也不愿相信自己的内在处于支离破碎的分裂状态。

这样的结果就是我假装自己和他人的内在都是完整而统一的，都有一个单一且稳定不变的"我"。于是X先生答应要做某件事情而第二天却没做，我就会觉得被冒犯，从而感到愤怒，并认为X先生是个骗子，不值得信任。如果我觉得被冒犯得很厉害，哪怕是因为一件小事，我都会终止与X先生的友谊。我们总是因为一些微不足道的小事引发的不满而终止一段关系，为什么呢？首先是因为我们认为别人有一个随时随地都不变的"我"。此外，还因为我被很多个微小的"我"所控制，每一个"我"都有自己的企图。其中一个"我"充满了自大，并不重视我跟那个X先生的友谊，因而决定把它终止。这个"我"替代我去思考和说话，以我的名义行事。我这样做所带来的损失可能是无法挽回的，我可能在余生里都要为这个微小的"我"一时冲动的行为付出代价，而这个"我"在下一刻、下一个钟头或是在第二天可能就不再控制我，并且消失得无影无踪了。

如果第二天你问我到底为什么会如此对待 X 先生，我会非常坦诚地告诉你"我不知道，我不知道我当时在想些什么"，或者，我会去责备 X 先生，用显而易见的谎话或借口来为自己的行为辩护。这就是我的状态，也是我见过的所有人的状态，无一例外。这种分裂的状态在主导着我们的生活。这就是为什么我们难以自始至终地完成一件事，达到设想的结果，尤其是那些需要几天、几个月甚至几年来完成的事情，更是如此。我们会设定方向并开始一件事情，但很快就会不停地偏离设定的方向，甚至偏离到完全相反的方向上去，即使是在像婚姻这样重大的事上我们也会如此。我们会以离婚结束，或是由于偷情或酗酒而严重地破坏我们的婚姻。我们为什么会这样做呢？很简单，那个在上帝和众人面前发誓的"我"确实是衷心地这么想的，当它主导"我"这个人类生物机器时它也会这么做，而一旦另一个"我"取得了控制权，之前的一切都会被忘记。

更严重的情况是当下取得控制权的"我"没有忘记曾经的誓言，但它却对这些誓言有着强烈的抵触，不想与它们有任何关系。这个"我"首先会诅咒自己所处的情况，不愿相信自己身处这样糟糕的局面。它会反问自己"我在娶她的时候到底在想什么呢？"，完全记不得另一个"我"当时的状况。在这个"我"的世界里，只有酗酒和偷情是最重要的事，它才不在乎这样做给自己和他人带来的后果。每一个这样的"我"都只是在乎得到它想要的东西，在乎何时以及如何能得到它想要的东西，"让鱼雷见鬼去，全速前进"是它们的信条。*

这样的情况每时每刻都在我们的生活中发生，一生都是如此。其实每个人都是这个样子。一个微小的"我"会暂时地控制我们，**替我们做出选择，替我们说话，以我们的名义去行动**。我们的整个人生和人生方向可能就会取决于这个看起来微不足道的时刻。此时真正的"我"根本不在，它不知道发生了什么，后果是什么，也不知道所做选择的重要性。而内在群"我"中的一个"我"已经带着一份最终的确定做出了改变人生的选择和决定。

---

*译注：这是美国内战期间，美国海军军官法拉加特给手下发布的命令，其手下因为害怕鱼雷而不敢前行。

做出选择的那个"我"有着自己的企图。所有的"我"都有自己的企图。它们唯一的目的就是去实现自己的企图，而不会去顾及我、我的生活和人际关系所要为此付出的代价。就是这样。由于我的内在没有一个单一、统一、稳固和持续的"我"存在，于是在**面临一个选择的时候**，我会听命于任何一个随机出现的"我"。

我能看到这对我意味着什么吗？作为一个人，我能了解这种情况给我带来的处境吗？这就是葛吉夫先生所说的"恐怖的状况"，这就是地球上每一个人所面临的状况。美国总统怎么能说出一件事，随后又深信不疑地公然给出明显是谎言的相反表述，做出完全相反的事来呢？因为他跟你我一样——内在有一群"我"，每一个"我"的企图都不同，他像你我一样被这样的"我"所控制着。

这些"我"有三种类型：

1. 第一类的"我"知道工作的存在，它会强烈乃至激烈地反对工作的目标，抗拒自我观察。因为它知道这样做很有可能会暴露它的企图、矛盾和信念。

2. 第二类的"我"根本不知道工作的存在，也不知道有关的内容和目的。它对于工作以及自身企图以外的目的没有任何记忆；除了自身，它对于其他的一切都是无意识的。

3. 第三类的"我"知道工作的存在并深受影响，它愿意去实现工作的目的并与其他同类的"我"协作。

美国总统几乎完全被第二种"我"所控制，其他掌握着国家命运的元首也都是这样的。听话的头脑是地球上最罕见的东西，出现的概率可能只是百万分之一。你们很快就会发现：在电视上看到的那些有权有势的富人（包括所有国家的元首）充其量不过是些傻瓜，他们甚至有些疯狂，乃至是些危险的疯子，并且会带来实际的危害。他们中的有些人杀害了几百万人，他们在毁灭地球，他们跟我们一样但却没有受到那么多的社会约束，他们被权力所腐化。

上述的状况代表了"恐怖的状况"的另一种含义，但真正的"恐怖的状况"在这样的情况下才会升起，即我不带评判和改变观察对象的企图，诚实地进行长期的自我观察，并且看到所有的争斗都是一样的内在争斗，所有的恐怖分子都藏在一个地方，即我的内在。这些恐怖分子只有**保持不被我的注意力发现**才能活命，才能存在。当我能够清晰地看到它们，它们就失去了伪装。看到它们就是一种深入的改变。*

一旦我看到内在的"群'我'",看到它们的运作,一切就会发生改变。

现在,**真正的受苦——自愿的受苦——在我的内在真正地开始了**。之所以称之为"自愿的",是因为没人能够强迫我去观察自己。没有人能做到。我们必须在内在发展出第四道体系中提及的"观察的我",我的内在只有它是愿意去观察的。随着"观察的我"被内在本质越来越多地记起和使用,它会得到加强并与内在本质融为一体。借助**痛苦产生的力量**,它会越来越活跃——痛苦是一个很有效的驱动器。随着越来越多的"我"加入到"观察的我"的力量中来,它们会在"观察的我"周围凝聚和结晶,就像微粒聚集在电荷周围一样。要让"观察的我"变得强壮和活跃,需要经过多年的练习,每天坚持 15~30 分钟的静坐,而非只是努力几小时或几天,偶尔记起要工作的事。

逐渐地,"观察的我"的目标——看到我的本来面目——就会变得活跃起来,并开始具有真正的力量和能量。练习所带来的痛苦会在我的内在**建立和发展出被第四道体**

---

* 海森堡测不准原理。

系称为**良心**[26]（Conscience）**的东西**。我们生来都有一颗纤细而微小的良心"芥籽"。但常人的这颗芥籽一直处于胚芽期，没有发育。我们可以一直到死都被各种的"我"所控制，甚至是一些宗教性的"我"。这些宗教性的"我"不具备良心，只有一套继承的"信仰系统"，它们无法思考，只会去谴责和刻板地信奉那些自己没有验证过的教条或学来的理论。这样的人无法获得领悟，他们通常很刻板地，甚至带着暴力和好战的倾向去追寻这些从神父那里继承的教条，而这些教条都是学来的，没有经过验证而且充满了误解。这些人通常是非常有评判性的，可能带来极大的危害。他们会以一个想象的、虚幻的和自创的神的名义行事，做出一些不可告人的事来。历史上充斥着很多这样的人和这样的事。

但是通过"自愿的受苦"，真正的良心芥籽可以成长。这是很多年非常耐心、缓慢而认真的自我观察带来的结果。**只有在芥籽开始生长，真正的良心得到滋养并开始发展时，我才能够了解真正的自愿受苦意味着什么。**因为我所喜欢和认同的群"我"并不会就此走开。只要我选择去相信和认同它们，它们就会控制我。成熟的工作者只是不把控制权交给这群"我"，不让它们去代替自己讲话、选择和行动。

我只会服从于我的目标。我选择依照目标生活而不是去依照这些微小的"我"的企图来生活。我之所以会痛苦是因为我一而再、再而三地看到**我很容易就被这些微小的"我"所控制。我清楚地看到自己不愿停止偷情和酗酒（举个例子，不是实情），从来不考虑我自己、我的关系和生活为此付出的代价。**现在，我内在有一颗良心的芥籽——这不是从别人那里学来的信念系统，**它完全属于我，我曾为此付出了代价**——现在，我的痛苦异常强烈，但我在以一种新的方式在全新的层面上受苦，**这种痛苦会滋养良心。**这是常人所无法理解的。

只有那些被这种"恐怖的状况"折磨多年的绝望之人，才会完全臣服于造物主，来换取这枚芥籽，或者叫"宝珠"。你明白了吗？我是否敢于看到自己的决定每一刻都在被那些微小、自私和无意识的群"我"控制着，而我只是它们欲望的奴隶。我是否敢于看到我的生活已经不属于我，而被用在做一些愚蠢的事上，比如偷情和酗酒（或是其他可以让微小的"我"的企图得到满足的事）。

我能在我的内在看到真实的"恐怖的状况"吗？试着去观察你内在一个"我"的整个运作周期——不仅是它实现企图的行为，还有由此行为引发的评判以及对自己的感受。整个的"'我'的运作周期"不仅包括行为这一半，还包括由此产生的对反应、评判以及对自己的感受。自己去验证你真实的内在状态。当我能够觉察到某一个内在的"我"，觉察到它的所作所为，以及它的贪婪，这就是一个记得自己和自我观察的时刻。

如果你努力去改变观察对象，就说明你与观察对象认同了，认为自己就是观察对象因而无法不去相信它并给它力量。然后我的另一个部分——另一个"我"——会去评判，认为必须要阻止前一个"我"，然后就会去这么做。结果呢？内在战争，自我分裂，改变观察对象的努力只会加强观察对象的力量。结果呢？没有改变，只是习惯性行为的重复：评判那个行为——努力改变那个行为——如果无法改变就内疚并诅咒——进一步地重复习惯性的行为。这是一个循环，不断重复。因为它是习惯性的，所以我可以预测它。每一个习惯都是一个不同的"我"。

这里有一个很好的例子。昨天我花了三小时来撰写这一章，不断改写，觉得已经完成了一篇不错的初稿。我在家里用一台借来的笔记本电脑做一些最后修改，不小心按了一个键，结果整章文字都没有了。我急切地想找到或恢复那些文字却没有成功。

我坐在这里感到很绝望，不愿相信这是事实。于是一些熟悉而强有力的"我"开始在内在出现。其中一个就是愤怒。但我到底要对谁或是对什么感到愤怒呢？难道是笔记本电脑吗？很快我就陷入自己的默认反应模式——自我憎恨，这也是我的盲点。然后另一个"我"升起，叫我放弃撰写这本书的计划。我花了几分钟才记得自己，找到自己，使注意力回到身体。

我做出了一个有意识的决定：不去把这个事件戏剧化或是直接讲给我太太听。我关上电脑，来到后院，跟坐在院子里的太太一起喝了杯葡萄酒。当她问我进展如何时，我告诉她我这一天过得不错，我很满意。当晚在一个朋友家用餐后我提起了这件事，获得了适当的同情，我们都笑了起来，这件事也就过去了。第二天几个带着怀疑、恐惧和自我憎恨的"我"又开始急切地想占有我的能量，但我坚持我的目标，坐下然后重新开始写。于是我完成了这一章，比那天的初稿还要好很多。你可以看到在我身上发生的事，有时我把熊吃掉，有时熊把我吃掉。这样的情况会一直持续下去。

图特瓦拉·巴巴（Tutwalla Baba）

在他九十三岁去世时
所有的报道都说他像三十岁
平滑的面部，垂地的暗色头发
他散发着光彩和美

他的灵性工作很简单
走路时眼睛向下看
很少讲话

当他看着别人的眼睛时
会让他们燃起活力
当他讲话时
话语会把人穿透

由于拒绝说谎
巴巴走进了圣火
低调和节制
让他成为了圣人

第十章　否定的力量——工作的阻力

学会为了工作去承受暂时的痛苦……与否定的力量做朋友……如果我们对于选择哪条道路感到困惑,那就应该选择阻力最大的那一条。

E.J.高德《奉献的喜悦:苏菲之道的秘密》,第101、102页
E. J. Gold（*The Joy of Sacrifice: Secrets of the Sufi Way*）

没有阻力，所有内在和外在的活动都不会发生，有些体系把这种阻力称为"摩擦"。我在冰上难以获得推进力或摩擦力，因而无法移动。当轮胎失去来自路面的阻力，车子就会失控打滑。依照定律，在我们的内在情况也是如此*。在生命的成长和成熟过程中，无一例外会遇到内在的阻力。努力越大，内在的阻力就越大。很多人在阻力第一次显现的时候就放弃了灵性的工作。他们没有足够的理解和力量来应对阻力，他们认同于阻力并被它所控制。也有一些人虽然坚持下来，但却随着内在阻力的增长而放弃了自己的

---

* 根据牛顿第三运动定律，任何作用力都会产生相等的反作用力。

目标。强大的阻力确实导致许多人放弃了工作。

头脑的特性是分裂、反对、否定、抗拒和拒绝。不！疲惫的旅人，也许你在人生逆旅中已经对此有所觉察，但我们大多数人都因为所受到的训练、强迫和威胁而认同于头脑，生活在这样一个狭窄简陋的小屋里，没有意识到旁边雄伟的大厦。头脑被设定成反生命的模式，它充满了对死亡的渴望。你能在周围人的身上甚至你自己的身上看到这一点吗？你能够想象这对你的生活、你的人际关系意味着什么吗？

为了发展和进步，我们必须在追寻和逃避这两种力量（第四道体系称之为"确认"的力量和"否定"的力量）之间找到"中和"的力量。我们不能只用一股对抗的力量来应对阻力，那样的结果是陷入僵持的状态，无法动弹。我们必须在两股对立的力量之间找到中和它们的方法。第三力必须在我们的内在升起。自我观察以及相伴而来的记得自己可以为我们提供中和的力量。这股力量可以使我们站在内在两股对立的力量，即"是"和"否"之间，而不去认同于任何一边。我们能够保持中立，不偏向任何一边，这在佛教传统中称为"平等心"（equanimity）。这是一种平等对待对立的两极而不排斥和顺从其中任何一极的能力。

这就是工作的本质。我们的内在就是一团相互矛盾的"我"，其中很多的"我"都是对立的，每一个"我"都在为了实现自己自私的目的而争抢对身体的控制权。我们可以在这种状态下进行不带评判的自我观察。我们找到自己，不去认同，我们的内在保持着宁静，不去偏向任何一方，这样，这些力量就被中和了，我就可以前进了。

所以，不要被工作的阻力所蒙骗，它就像跟随身体的影子一样无可避免。它是合理的，也是必要的，任何发展都离不开它。实际上，当我们走在正确道路上的时候，阻力可以成为一个非常有帮助的引导信号。小我会排斥和尽力抗拒任何形式的自我观察。我们对群"我"的运作发现越多，内在的阻力也就越大。只有我们无法意识和觉察到这些"我"时，它们才能够继续生存。当自我观察之光洒在它们身上时，它们就无法继续存在下去。它们只能生活在黑暗里。随着一个人的工作取得进展，他会获得更多的洞见和领悟，但阻力并不会消失，它会随之一起增长。内在的阻力越大，我们越确信自己走在正确的道路上，并发现了一些真实的东西。

只有智者才能理解内在阻力对于自我观察的意义和价值。他们会把阻力当做一个信号，说明他们找到了真正对生命有价值的东西，而不会放弃继续观察的努力。关于工作，有这么一个说法，"如果我能看见它，我就不需要成为它"（Jan Cox）。耐心的练习以及努力地观察和感觉会让我不带任何抗争、暴力乃至评判地穿越阻力。评判就是阻力。没有必要去抗争或指责，只是带着平等心，身体放松地去观察。当水遇到阻碍，它只是从旁边、上面或下面流过，它的柔顺使得它可以继续流动。武术有着相同的理念，顺着打过来的力量走而不是去对抗它，在对手面前保持放松而不是让身体紧张。阻力是无可避免的，要去使用它而不是与它对抗。

经过一生这样的练习，一个人就可以把自己的死亡当做一个支持者和一个指导者，而不是像我们的文化教导我们的那样，把死亡当做可怕的敌人。没有必要与死亡对抗或抗争。它是造物主给予的礼物。造物主就是爱，所以死亡也是爱。在活着的时候接受死亡这个事实会让我知道正确的生存之道：慢些评判，快些原谅。我遇到的每一个人都无一例外地会死去，所以，还抗争什么？还有什么需要指责的？不去评判，这就是自我观察之道。

平等心

不带评判与不去分辨不同
它是一种平等心
既不过冷也不过热
在欲望拉扯时保持镇定

也许你曾见过古老的平等心标志
在两只相对的狮子之间
西垂的落日稳坐在地平线上
它的光平等地照着是与否

印第安人对此没有命名
他们只是讲
你吃掉熊还是熊吃掉你
都是一回事

第十一章 缓冲器

我们内在有一些特别的装置来防止我们看到（我们）内在的矛盾，这些装置叫做缓冲器。缓冲器是一种特别的设置或者说一个特殊的产物……它会阻止我们看到关于自己和其他事物的真相。缓冲器把我们的思想划分为若干隔绝的空间。我们会有很多矛盾的欲望、意图和目标，但我们看不到这些内在的矛盾。因为这些缓冲器阻隔在它们之间，我们无法在一个空间里看到另一个空间……缓冲器让我们看不到……有着强有力的缓冲器的人永远都看不到……一般说来每一个缓冲器都是基于对自己，对自己的能力、力量、倾向、知识、素质和意识等方面的一种错误假设……它们是固定的，在特定的情况下一个人总是会感觉到和看到同样的东西。

P. D. 邬斯宾斯基《第四道》，第 153 ~ 154 页
P. D. Ouspensky（*The Fourth Way*）

上述文字描述了理智—情感复合系统是如何运作来阻止我看到**"缓冲器**[27]**系统"**的。这是一个非常精密的干扰系统，它会吸引我们的注意力，阻止我们看到理智—情感复合系统如何捕获和消耗我们的注意力。"缓冲器系统"包含很多东西，但我们可以通过五大类别或类型来开始观察缓冲器。

1. **指责**（"不是我"）。这是保持控制（尤其是在关系里）的经典方式。当我开始指责的时候，我已经占据了"正确"的位置，必须让你处在"错误"的位置。这时关系就被破坏了，只剩下攻击与防卫，以及无止无休的战争。

2. **辩护**（"是我，但是"）。我们无论做了什么，都会让自己保持正确:"是啊,我打了她。但你没看到她在跟那个家伙调情吗?你说的真对——我就是打了她!"

3. 自大("只有我")。一位雅基族印地安萨满巫师唐·胡安·马图斯曾经这样教导他的徒弟卡洛斯·卡斯塔尼达:"因为他人的行为或失误而生气会削弱我们。我们的自大要我们花费一生中的大部分时间来生别人的气。没有了自大,我们就会强大起来。"[*]这是攻击者—受害者关系的主动形式,表现为控制。

4. 自怜("可怜的我")。这是自大的反面,这是自大者被动式的攻击,是一种在关系中保持控制的狡猾手段,以扮演受害者的方式进行,表现为屈从。

5. 内疚("是我不好")。这是在社会关系和人际关系中最强有力的支配和控制他人的方法。

这五种方式是如此地吸引我们的注意力,甚至于让人喜欢或着迷。注意力在观察理智—情感复合系统时很容易马上就被它们所转移和分散。理智—情感复合系统通过这样的方式防止我们聆听和接受帮助,以及看到自己的本来面目,从而保护它的"捕获与消耗"机制。让我们对这五

---

[*] 卡洛斯·卡斯塔尼达著《力量的传奇》,纽约 Simon and Schuster 出版社 1974 年出版。

种方式一无所知是符合理智—情感复合系统的既得利益的，它知道我们对真相的了解对它没什么好处。

但是理智—情感复合系统是机械的、习惯性的和无意识的，我们不需要被它蒙蔽，我们有力量超越它。我们可以学习观察正在运作的理智—情感复合系统，因为它是可以预计的，每次都以**同样的方式**行事。只是看到它，我就可以获得自由，唯一改变的是我与它的关系，也就是说不再认同于它。缓冲器使我迷惑和分心，我们在观察它时付出的全部努力都对工作很有帮助。评判、认同、否定、不必要的思绪以及不恰当的情绪等都无可避免地会伴有不必要的紧张，所以，不必要的紧张就是理智—情感复合系统开始运作的致命信号。这是一种即时的反馈机制，它在指引我们去观察不必要的紧张。让身体放松的努力是非常有用和有益的，这样的努力在禅宗里称为"无为"。它不是通过肌肉的"努力"来放松，而是在内在观察、身体觉知以及领悟方面的努力。进一步来说，放松是一种内在的感觉，也意味着放松对于身体机能以及理智—情感复合系统紧抓式的认同。这在很多传统里都有提及，在禅宗里称为"无为"，即内在的一种通过主动努力达成的被动状态。

观察缓冲器是一项缓慢且需要耐心的工作。我们为了在这个疯狂的世界中生存而改变，并且创造了一些内置的装置来避免让自己因为看到改变后的样子而感到恐惧和羞愧。如果我们在一个疯狂的世界里仍旧保持清醒和稳定的状态，很快就会成为一个不受欢迎的麻烦制造者而被消灭。缓冲器可以维持外在世界日常的稳定。去除缓冲器是一项非常精巧的工作，不能太快地完成，否则将是危险的并会适得其反。随着观察的深入，一些新的特性和品质将会作为自我观察的副产品在内在出现。随着良心的觉醒和成长，缓冲器将不可能维系下去，它将会消解，我们将无法再无视内在的矛盾。维系虚假个性的缓冲器将被自然升起的全新品质所代替。

在工作中，一条重要的法则就是：专注、放慢脚步和淡定。不用着急，工作是急不得的，它需要异常的耐心。这种耐心在观察的过程中会发展出来。我们内在需要的东西会在适当的时候出现，上天会帮助我们的，他一直在关注着我们。我们只需要在这个过程展开时给予信任。缓慢发展才是有把握的和安全的。缓冲器庇护着脆弱的心灵。如果我们直接看到真相，直接看到那破碎和分裂的自我，由此产生的冲击和恐惧会把我们毁掉。我们无法承受看到自己的疯狂，缓冲器将避免我们受到这个冲击，确保我们处于"正常的疯狂状态"。我们当中绝大部分人的内在都在以疯狂的方式运作着，由此产生的痛苦即使有缓冲器系统的保护，对这些人来说也是难以承受的。为了让自己能够承受这种头脑疾病所带来的痛苦，我们会用一些方法来自我治疗。通常我们会用金钱、性、权力、名誉、毒品来让自己不再专注于所处状态带来的痛苦，对内在状态的真相变得麻木起来。这痛苦确实让我们难以承受。第四道体系中关于进入**"疯狂地带"**[28]的法则是这样的：唯一的出路就是穿越。我们必须穿越自己的疯狂。自我观察和记得自己都是帮助我们安全穿越疯狂地带的方法。

只要找到自己，不带评判和改变企图地观察自己的矛盾，最终，随着我们在工作中成熟起来，观察对象会自行变化的。只有我们成熟起来，变化才会发生，这是练习自我观察所带来的益处。我们将会了解要做什么和怎样做，我们将会知道何时必须要斗争以及通过斗争我们需要获得什么。没有必要去跟任何东西对抗。当我们对斗争所要获得的结果明确之后，那些不再有意义的人生目标就会被取代。

什么也没留下

我对什么都没了兴趣

日子像暴雨后的爬虫一样缓缓而过

我可以在有遮阳帘的门廊里从清晨坐到天黑

什么都不做

只是看着影子从一棵树移到另一棵树

直到一切都笼罩在灰暗之中

就像我空虚的心一样

体育曾经让我感兴趣

但它已经因为贪婪和对体育爱好者无情的鄙视而败坏了

报纸曾经因上面刊载的连环漫画让我感到希望

但现在我也没兴趣了：

卡尔文和他的老虎带有真正的疯狂和公认的愚蠢

除了它们，剩下的都只是单纯的搞笑

电视中无聊的节目一个接一个

当中夹杂的震耳欲聋的广告

比最糟的节目还要愚蠢

我坐在有遮阳帘的门廊里
突然她又来了
每天这个美丽的女人都会走来走去
带着一头几乎垂到臀部的长长棕发
她今天身着紧身短裤
腿部的肌肉秀美呈现
小腿起伏分明
大腿细致的棕色肌肤线条明显
我的唇几乎可以感受到她的秀发
而她随即向着山丘的方向走去

我刚才在哪里?
哦,是的
我对什么都不再有兴趣

第十二章 观察与感受

> 对自己真正的诚实是认真练习自我观察的结果,它是打破头脑诱捕过程的关键。
>
> 李·鲁索维克《盛筵还是饥荒:关于头脑与情绪的教学》
> Lee Lozowick（*Feast or Famine: Teachings on Mind and Emotions*）

我们的局限使我们相信，必须要去"修复"所看到的问题，而工作中最难做到的一件事就是在观察时不去介入或评判观察对象。放下你的剑，停止争斗吧，疲倦的旅人。争斗是一个陷阱。当一个"我"去与另一个"我"争斗时，一种自我分裂和疯狂状态将永久地持续下去。需要被"修复"的东西没有尽头，一直会有。但由于人类生物机器是由一种睿智仁慈的高等智慧创造出来的，所以我们随身带有一个简单的工具：自我观察。我是一个没有希望的傻瓜，但我都可以慢慢学会如何使用这个工具，你当然也可以。我们的构造决定了我们只要身体没有被破坏或毁灭，没有严重的精神疾病，就可以通过缓慢而耐心的自我工作恢复清醒正常的状态。这就是工作的美妙之处。这种工作学起来简单而方便，可以使我们成长与成熟起来，而学习它的工具就是观察。我们必须要学会如何来学习。一旦我们学会了如何学习，学习的范围、深度和收获将是"没有止境的"（如李·鲁索维克先生所说）。

我们每一个人的内在都有着基本的良善，即使是那些最糟糕的人。这是生命的本质。我们生而为人时就带着这种良善，它以惰性的形态存在于我们内在，只要得到身体的邀请就可以显露出来。这种邀请就是身体从里到外的放松。内在的放松就是不去认同，主动进入一种不去介入观察对象的被动状态。一旦我们通过放弃"修复"的努力进入这样的状态，基本的良善就会浮现出来，主动成为人类生物机器的主人。这就是一种被动中产生的主动。这时，理智—情感复合系统就会进入被动的状态。

这样的结果就是基本的良善浮现出来，展现为人类生物机器的高等功能：仁慈、慷慨、宽恕、慈悲，等等。我们需要做的唯一的事情就是看到和感觉到我们内在的真实状态，而不带评判或改变观察对象的企图。这也是我们在宇宙的创造蓝图中所要承担的角色。

观察来自于理智中心，是这个中心真正和根本的机能之一。记得自己、找到自己、把注意力投注在身体感觉上、不带认同地观察我们内在的矛盾，这些活动都需要理智中心的参与。它能够记起要去引导注意力，并将其投注和保持在特定的对象上。观察是理智中心的机能之一，这才是它应该做的事。我们必须训练理智中心，让它知道自己应该做什么，只有这样，它才能有效地服务于我们。而当下，理智中心是不务正业的，不必要的思考浪费了大量的能量。它为了保持自己喋喋不休和不断评判的状态偷取了自我观察所必需的能量，但它真正需要做的只是**观察**而不介入。

同样，感受来自于情感中心，是这个中心真正和根本的机能之一。当注意力被用于观察我们内在的矛盾，由此带来的冲击会让我们痛苦。这种自愿的受苦可能会很强烈。我们只需要面对它，而不是用金钱、性、权力、名誉或毒品来转移注意力。唯一的出路就是穿越。感受这种痛苦是情感中心的真正功能之一，并且能够让它了解自己在体内能量转化系统中正确和恰当的位置。这种情感中心受苦时产生的能量会被转化为一种更为高等和精微的能量，被身体用于自我观察。同样，这种能量也可以滋养高等中心，或者造物主。作为一个成熟的生灵，我们的一个责任就是在得到滋养的同时去给予滋养，葛吉夫先生称之为"相互维系的法则"。这是人类生物体的一种高等机能，也是一个成熟的灵魂的责任。

通过观察，意图会从理智中心升起。意图本身做不了什么，但它可以使理智中心专注，并唤醒它本来就有的智慧。通过感受，**渴望**[29]会从**情感中心**升起。渴望本身也做不了什么，但它可以使情感中心专注，并唤醒一种"对感受的注意力"。现在，注意力从两个中心同时升起。意图和渴望加在一起就有可能带来真正的意志力以及"做"的能力。当这两个中心与来自本能—运动中心的身体感觉结合在一起时，三个中心就可以和谐运作，我们就可以开始具有真正的意志力和"做"的能力。这时，目标会产生于我们的良心，并和三个中心联合运作，我们就可以去创造自己的工作所需要的东西，建立一个可以指导行为的目标，稳步而直线地向着目标前进，直到目标实现。这就是良心在一个成熟的灵魂或生灵中的运作。

作为一个身处人类生物机器中的生灵，我们的任务并不重，但却对整个宇宙系统至关重要。我们需要去观察和感受这个机器的机能而不介入，直到它恢复清醒，也就是所有的中心一起和谐运作。我们的任务就是不去介入、"修复"和评判。这理解起来容易，做起来却很难。达到"无为"的状态需要很多的努力。安住于你的本性，疲惫的旅人，不要再抗争了。

那又怎么样?

你的狗消失了再也没有回来?

那又怎么样

你的邻居侵犯了你的财产?

那又怎么样

你的父母不爱你了?

那又怎么样

你将自己的伴侣和挚友捉奸在床?

那又怎么样

你的丈夫死于心脏病而且医生说你只能再活三周?

那又怎么样

我们出生就是为了死亡?

那又怎么样

人类处于灭绝的边缘?

那又怎么样

原子弹都掌握在疯子手里?

那又怎么样

一切如是

一切完全如是

所有的意义和痛苦都因好坏的评判而产生

这种评判专横，主观，基于比较而且毫无意义

你对此强烈地完全反对？

那又怎么样

第十三章 我是个虚伪的人

愚者知愚,

彼即是智人。

愚人谓智,

实称愚夫……

恶业未成熟,

愚人思如蜜;

恶业成熟时,

愚人必受苦。

佛陀《法句经》,第六十三、六十九偈

一个练习第四道体系的朋友最近写信给我："……我觉得自己像一个异常愤怒的虚伪之人……"她确实就是这个样子。这是一个内在良心觉醒的信号。除非我们能够改变，否则良心的痛苦将会折磨我们，让我们难以承受。很多人都寻求各种方法来避免去"感受"到这种痛苦。通常他们会用五种方式来转移注意力：金钱、性、权力、名誉或毒品（包括食物、基于恐惧的关系、购物、科技等各种能让人上瘾的东西）。当我感觉到良心的痛苦，这个人类哺乳动物机器要么斗争，要么逃跑。这就是为什么在自我观察的练习中会有这样的指导：不要去改变观察对象（即不要与之斗争）——这就是"观察"——而是去"感受"它（即不逃跑)。

现在的我常常违背良心，非常虚伪。就是这样。我必须面对这种感受。我必须去感受，而不是通过转移注意力来逃开。我必须自愿地受苦。我那个写信的朋友体会到了**基于良心的痛苦感受**，尽管她并不知道自己感受到的是什么，以及这种感受为何如此难以承受。她可以从那种感受中逃开，但却无法躲藏。她根本无处可藏。她的良心已经觉醒，她感到痛苦，她"观察"到自己的虚伪。我自己也是如此。正在写书指导你们练习的我也因为自己的虚伪而痛苦。这种痛苦是独一无二的，它是我勉强能够承受的。这种来自造物主的痛苦感受中没有评判与谴责，只有痛苦。如果我不加以纠正，痛苦就不会停止。无论这痛苦怎样，都是我自己一手造成的。在我成长的某个阶段，这种痛苦是难以忽略的。如果我不加以修正，就永远无法安心。

良心神奇的地方在于：我只需要去"观察"和"感受"，它会去完成内在的转化工作。它此刻正在我的内在运作。作为一个生命，我可以见证它在我内在的运作。它会完成内在的变化，而不是我来完成。我无法带来改变，我只能去"观察"和"感受"，这样我就可以经历自愿的受苦，其余的都会自行发生。

如果良心就是上帝——我无法举出反例，也没有理由去怀疑灵性的教导——那么当我违背内在的良心，造物主就会痛苦，他让我感受到他的痛苦。这是给予那些渴望工作、愿意工作和自觉工作之人的一种独特恩典。一扇门向我打开，让我可以感受到我的行为对造物主的影响。想想这对于一个人来说会意味着什么。

所以不要绝望，继续去"观察"和"感受"，继续去觉察。听从自己的良心吧，不要因为任何原因而违背它。它会使你转化。你可以相信它，良心代表着一种法则，在任何情况下你都可以信任它。我喜欢那个朋友的虚伪，我了解它意味着什么。但是在见识到一个又一个虚伪之人的过程中，看到别人的虚伪总比看到自己的要容易些。

就在今天，我到办公室去写诗。我告诉太太我两个小时之内就回来。但是当我到了那儿时，电脑出了问题。问题比我预想的要复杂得多，我花了大半天的时间，可能有六七个小时才把问题解决。维修人员切断了电话线，因而我无法打电话通知太太。我也一直都没有到另一间办公室或办公大厅去打电话。当我回到家时，太太很不安，既伤心又愤怒。但是她坐下来以一种很低的声音跟我说话，希望我能考虑到她的感受，希望我能够守信、可靠并考虑到他人。我开始防卫，觉得被冒犯，并找出一大堆理由为自己的行为辩解。就在我像个伪君子一样为自己辩护和开脱时，我的良心让我体会到一种沉静而细微的哀伤感受。于是，我知道太太是对的，我很快就给她赔礼道歉。

她的反应是认为我没有诚意。她只说对了一半。我确实没有悔意，出了丑的我满心只想防卫和报复。这是我内在一个熟悉的"我"，它很容易被冒犯，充满敌意，冷酷，残忍且报复心强。它对工作和他人都没有尊重，只想要证明自己是对的并不让自己吃亏。这是我当时内在的状态。但同时我内在有一个目标，无论我感觉如何，情绪如何，我都想要做正确的事。自我观察的练习才是正确的事，我以内在基本的良善为动力投入地做练习，即使我没感觉时也要坚持。我确实是在真诚地道歉，即使那时我更想反击而不想道歉。所以，我的观点是：**对于正确的事，即使在不想做时也要做**。我用这种方法来对付自己的虚伪。这是另一种形式的"记得自己"：在某种情绪（这也是一个内在的小"我"）中找到自己，放松身体，并且记得自己的目标。与我太太对这件事的沟通激发了我对于工作的渴望,并促使我付诸实施。这是一个很好的例子,另一个人的观点和诚实的回应帮助我以基本的良善为动力更好地行事。如果她不这样做我会怎样?我不知道,请不要问我。

更容易在邻人眼里看到梁木

一个很有天赋的灵性导师问我

是否愿意和他的人一起

在小石城完成一项简单的工作

我觉得自己做得不错

所以师父的严厉苛责让我震惊

他说无论我帮助和鼓舞了多少人

我所做的都是一场灾难

皆因我做事的态度有误

成功地运作之后我带着自豪前来汇报

忽视了病人已经死亡的事实

我帮助他们看到自身注意力的脆弱

却在需要温和与温顺的时候显得自大

为了错误的原因所做的正确之事

注定就像是错过季节而开放的玫瑰

第十四章 自愿的受苦

求道者要意识到自己的缺陷但却不认同于它们。他必须要通过头脑的努力和良心的检视来控制自己的动物特性。

E.J. 高德《奉献的喜悦：苏菲之道的秘密》，第 118 页
E. J. Gold（*The Joy of Sacrifice: Secrets of the Sufi Way*）

真正的痛苦与受到刺激产生的机械性痛苦不同，你如果想了解它，就开始练习不带评判的自我观察吧。这种经由不带评判的自我观察而升起的痛苦在第四道体系中称做"自愿的受苦"。它之所以是自愿的，是因为没人可以强迫一个人观察自己。这怎么可能办得到呢？我们必须自发地选择开始不带评判地观察自己。一旦我们这样做了，我们就会开始以一种新的方式受苦。这种痛苦会在我们的内在唤醒一种新的机能，第四道体系称之为"良心"。如果我们充分地发展了这个机能，就会被称做"重生"，或一个"新人"。于是我们与内在和外在世界的关系将不同于以往。我们可以自愿地承担起造物主的痛苦，减轻造物主的负担。

我们将能够像《马太福音》16 章第 24 节中暗示的那样"背负起自己的十字架"。当一个人能够通过**自身的体验**而非他人的讲述来理解工作时,他就能够对福音书有种全新的理解。背负自己的十字架是喜悦的,但不是我们所熟知的那种喜悦。

我们在这里探讨可以让一个人从内心伤痛中恢复的方式。没有人能躲避这种伤痛,没有人,即使是耶稣自己也做不到,你觉得你能够做到吗?耶稣在基督教的传统中示范了自愿的受苦,这也被称做有意识的受苦,因为一个人通过自我观察的练习可以变得更加有意识。意识的第一个层面就是发展出自我意识。这也是自我观察为我们带来的结果,它使我们达到人性中有意识的层面,在这里我们可以发展出自我意识。人性通常是无意识的、机械的、自动的和习惯性的,并具有哺乳动物的特性,没有到达人类所应到达的高度。

自我意识觉醒的人到达了这个高度的第一个层面。我们不再处于平常的人性层面,现在,一种新的痛苦进入了我们的生活,因为我们越来越清晰地**观察**到内在分裂的自我以及散乱的特质,我们能**感受**到这种疯狂的状态对我们的影响。我们会因此而痛苦,而这痛苦正是人类生活的重要动力。在愉悦的状态中，我们会变得无意识，只是维持现状，但痛苦来临时，我们会习惯性地想远离痛苦。痛苦会驱动我们去通过工作、付出努力和观察到更多东西来穿越痛苦，找到喜悦。

自愿的受苦来自于在没有缓冲器保护之下**观察**到分裂的自我时产生的恐惧。我们看到的不再是自己一直以来伪装出来的样子，而是自己的本来面目。我们不再自欺欺人地看待自己，作为自我观察副产品的诚实和谦卑会在内在升起。在我们的内在，所有伟大宗教传统所提倡的美德都会以基本的良善为基础开始觉醒。

自愿的受苦会在我们的内在创造出美德，但这种美德不是爱在酒馆里炫耀之人身上的那种自以为是。那种自以为是只会带来最糟糕的行为、难以想象的恐慌、战争和各种暴力。具有自我意识的人具有一种宁静的美德，它出自谦卑，所以不会显得张扬。我们看到自己的本来面目，而不是去伪装成其他样子。就我自己来说，我看到自己爱说谎，好夸口，傲慢，自大，自满，喜欢不劳而获，爱骗人，贪得无厌，吝啬，残酷，麻木，爱慕虚荣，自以为是——我还需要继续吗？你难道看不出我们其实都是一样的吗？我们都被自己的小我所驱动，这些东西构成了我们的小我。

当我开始诚实而不带评判地在内在看到这些真相,自愿的受苦就开始了。而这种受苦与一般的痛苦是不同的,它是转化性的,可以唤醒基本的良善、原本就有的智慧和良心。即使我的盲点是自我憎恨,并且不断传递出"我不够好"的信息,这种让我震撼和惊奇的基本的良善还是可以在我内在升起。无论小我创造出的地狱多么阴暗,我还是可以具有这种基本的良善。

对我来说,这是一种恩典。我们的造物主就是良善、爱、意识和注意力。他关注我的内在,因为他就以自我的形式住在我的内在。他就是注意力,就是注意力的来源。通过他的恩典,谦卑才会升起。感谢上帝!谦卑是一种对痛苦的慰籍,它孕育了真正的良心,是一种真正的美。只有当我付出相应的代价之后,谦卑才会升起。它是基本的良善自然而然的流露,是耐心、不带评判、诚实、真诚的自我观察带来的结果。你能否看到它的神奇或美妙?这种令人感叹的恩典拯救了像我这样的痛苦之人。但这种"拯救"不是一劳永逸的,并不是我宣称自己如何如何,然后无论做什么都会永沐恩典。事情并不是我说的这样。我以自愿的受苦为代价才得到恩典,这种付出必须是持续的。

没有什么是需要"修复"的。我们只需要在一旁见证造物主的工作。一旦我在与造物主的关系中恢复适当的位置——成为一个见证者——造物主会去完成其余的事。我的任务就是不带评判地观察,"无为",并把其余的事交给造物主。造物主既仁慈又善良,但是他从不会因为任何原因而介入。他不会采用任何强迫、固执或激进的方式。那些把自己的宗教强加给别人的人是无意识的,我自己就是这样,但批判这类人是没意义的,他们需要在这样做的时候安静而耐心地去感受那份痛苦,不需张扬也不用抱怨。聪明的人不会只听信言语,他会以事实为依据,去看一个人到底如何对待自己和他人。在具有自我意识的人身上,会发生世界上最不寻常的事——他的言行居然是一致的。自愿的受苦在基督教传统里被称为"十字架之路"。

因为爱而谦卑

你说你曾经有位父亲
尽管你希望他是位王子
他却只是个笨蛋
一个没有常识的令人绝望的傻瓜
他的行为甚至会让一只野猪蒙羞

好吧,我就是这样的人
一个怕被女儿们伤害的男人
像我这样的男人宠爱着我们的孩子
尽管我们因无知而颤抖
在奉献中显得愚蠢和没风度

但慢慢地我们心中的粗糙
会让位于孩子们无畏的拥抱
就像荒原生出丰茂的草丛

尽管高傲的男人因为自大而跌跌撞撞
对他孩子的热爱却使他谦卑
这种谦卑反而使他高贵起来

第十五章 智慧的觉醒——跳出旧有的思维模式

只要我能意识到自己失去了平衡，并且看到"我"无法使自己恢复平衡的状态，我就能从这种失衡中获得最大的帮助。让我失衡的正是我的小我，如果我对恢复平衡的渴望来自于它，那么我将会继续处于失衡的状态。我需要对此有一个全新的理解。"我"无法自行找到平衡，只要我执着于恢复平衡的渴望，失衡的状态就会继续。只有当我受够了，无法再容忍这样的状况，某种全新的力量才会出现，让我了解我到底需要做些什么。

米歇尔·迪·萨尔斯曼在《思想的素材》杂志（*Material for Thought*）发表的文章，第 14 期，第 12～13 页

当我终于意识到自己不可能改变任何东西时,智慧的觉醒就会在内在发生。我身陷在一个圈中,一个不断重复的循环中或者说一个局限里。我需要帮助,但却无法找到跳出这个局限的方法。我根本跳不出这个局限,只要我思考,我就只能一直处于这个局限里。头脑就是这个局限,它是一台二元模式的计算机,这意味着它只能以一种方式来思考:联想和比较—对比,是—不是、黑—白、好—坏、好—恶。它只能一直以比较和联想的方式思考。它是一台计算机,因此唯一的功能就是存储过去已知的信息。我所说的"思考",指的仅仅是头脑的记忆机能在检视存储为记忆的过往信息。头脑唯一的目的就是重复已有的内容并保持既有的模式。它只有思考这一个功能，没有其他的用处。所以它会试图让我相信思考是我能做的最重要的事情，如果我不能一直思考，我就会死去。一旦我确信了思考的重要性，就会认同于它并被它控制。我们以头脑为中心建立的社会和教育体系就反映了这种状况。

我们无法找到跳出这个局限的方法。我们所思考的上帝、无限或是任何东西都是些在这个局限里面的概念。上帝就在这个局限里，无限就在这个局限里，任何你可以命名或思考的东西都在这个局限里。看看你是否能够不用思考而把这个直觉内化到你的内在。你所知道的一切都在这个局限里面，而局限以外的东西是未知的，那才是实相。这其中包括了爱这种我们难以知晓、言表和理解的东西。我们为了方便起见称之为爱，但这个名字不是它本身。我们为了方便起见为上帝命名，但这个名字也不是他本身。伟大的导师耶稣说过"上帝就是爱"，但我们都知道这两个名词本身是荒谬和没有意义的，它们只是一些词语，而不是它们代表的事物。但是耶稣需要跟一些傻瓜讲话，比如像我这样无意识的幼稚之人，所以他会用简单清晰的语言来布道。他讲的也是第四道体系的教导让我们去做的事情。耶稣把他的教导化为简单的词语，以便让我们这些幼稚的小傻瓜能够理解我们在这里应该做些什么。

为了跳出这个局限，我们必须开始以一种新的方式，而非依赖理智中心的运作，来了解这个宇宙。理智中心必须变得被动、警惕并具有接受性，必须保持"我不知道"，也就是无知的状态。这就是智慧的觉醒。这听起来有些自相矛盾：为了让智慧觉醒，理智中心必须变得无知起来。看你是否能通过直觉来理解这一点。长期诚恳的自我观察会带来"我不知道"的状态，只有这时，真正的智慧才能开始运作。在此前我知道的一切，所有存储在记忆里的知识，都会阻挠智慧的运作。真正的智慧来自于身体之外，以直觉和灵感的方式出现。它们来自于高等中心，即高等理智中心和高等情感中心。

当头脑安静下来并具有接受性——只要头脑相信自己什么都知道并一直喋喋不休，它就无法具有接受性——它就可以跳出局限，以**直接体验**的方式来探求实相，以**直觉**的方式来领悟实相，并以**灵感**的方式来表达实相。这些才是体现真正智慧的方式。我们的右脑只是个接收器，当它被调到高等频率时就能接收到来自高等中心的东西。当安静的头脑和平静的心在一起和谐运作时，就能够接收到智慧。我们需要达到"无为"的状态，也就是说理智中心需要放弃那些随机的机械性联想，情感中心需要放弃那些对于情绪的认同。冥想是达到上述状态最为古老、科学和可靠的方法。不带评判和介入的自我观察是在行动中的冥想。由此，我就可以清晰地辨别哪些是受到局限的思维，哪些是对实相超越局限的直接领悟。

我的智慧有赖于心、脑与高等中心之间建立起通畅的管道，这样就可以接收到洞见。洞见并非来自于我，它只是被我接收到。每个人都可以接收到洞见，但需要付出相应的代价。这个代价就是放弃一切自以为知道的事情，跳入深渊，跳入未知。这是不合逻辑的，然而逻辑引领我至此，再也无法继续引领我前进。逻辑会告诉我只有它才可以引领我走向正确的方向，那才是一个符合逻辑的方向。这就是逻辑，而它不是智慧。如果逻辑可以解决人类的问题，它几千年前就应该能做到了。

在本书中，我曾经给出过两个关于疯狂的定义，把它们放在一起时能够更清晰地描述我的情况：①不断重复同样的行为却期待不同的结果；②具有分裂的自我。现在我再加上第三个定义，那就是：③不相信客观现实。那些被医院确诊的疯子很明显是不相信客观现实的，而如果没有对自己异常耐心、诚实和真诚的观察，我们很难发现自己也有不相信客观现实的问题。智慧知道什么该相信，什么不该相信。只有耐心而稳步的自我观察才能展现出我们内在值得相信的东西。我们所相信的头脑是基于自身模式来感知客观现实的，它**只能看到那些能够证明它既有模式的东西**，而那是极少的一部分印象，其他的印象统统被头脑拒之门外。

当我们看到这个世界原本的荒谬之处，却试图去理解它或通过思考把它合理化时，我们肯定会发疯。我们只需要明白存在的都是合理的，而没有必要去理解背后的原因或进行一些假设——这样的思考会让我们发疯。而智慧不会去思考，它只会不带预设、期望和评判地去面对现实，接受现实的本来面目。然后，它会在直觉和灵感的引导下做出恰当的回应。它只会在有需要时采取行动，否则就不会介入。

思考无法解决我生活的问题，因为它本身就是问题的所在，但它不会把问题暴露出来。头脑非常地活跃，因为它要去完成它无法做到的事情——成为主人并掌控大局，这对它来说是不可能的。因此它会躲在幕后，并以不断浮现的思绪为烟幕来创造出一个假象，即生活和现实都在我们的掌控之下。我们可以继续像一个梦游的机器人一样过着习惯性、机械性和无意识的生活，像一只循规蹈矩的哺乳动物一样融入一群哺乳动物。我们可以继续以同样的方式做着同样的事而不用为自己思考。

当我使用"思考"这个词时，我所指的不是通常意义上的思考，而是一种"高等"的思考，它在理解事物时不依靠线性的逻辑或理性。头脑是无法真正理解事物的，它能做的只是命名，然后通过联想把信息存储起来以备需要时调用。所以，我们遇到的问题是：头脑到底有什么实际的用处吗？它绝对是有用的：①观察；②解决当下的实际问题；③与他人沟通；④服务于注意力和智慧；⑤保持与心的协调一致。这就是头脑的作用。当它发挥这些作用时是个非常有效的工具。理智—情感复合系统不应该占据统治地位。当我们让它来做主时，它会在各个方面做出各种专横和暴力的控制。它本应是高等中心忠实的仆人，本应是电脑中接收指令的装置。如今电脑控制着我们的世界，这个事实足以让我们反思，也说明了我们的头脑是根据它自己的样子创造了电脑。

我有张不同的清单

我的邻居记录着他的得失

但我却在下雨时记录雨点的数量

他数着硬币和钞票

而我却观察在土堆上的蚂蚁

他在办公室里赚钱

我却在蜜蜂中收集花蜜

他疲倦地回家开始上网

而我却在后院里饮酒

太太和我在浓浓的夜色中观看

萤火虫和群星的闪烁

等到我们消失

它们也都被夜色覆盖起来

而我的邻居却在电脑屏幕的光亮中

幻想着他未来的妻子

第十六章 对本质的冲击

当我们所受冲击的强度大到一定程度时，我们就不得不承认神经质的那部分头脑是死气沉沉的，而致力于工作的那部分头脑（the Work mind）则是生气勃勃和自由自在的。在这样的状态下，你就可以继续向前迈进了……

我们真的没有意识到其实我们没有选择的余地。我们完全被神经质的那部分头脑所奴役：每一次呼吸、每一句话、每一个姿势都是如此。如果我们以及我们的后代都依靠这样的头脑来生活，我们世世代代都将被奴役，我们没有办法。我们没有选择——我们无法获得自由。我们也无法做出有意识的选择。我们身体的姿势也受到局限。当我们看到这些时，我们会被因此产生的恐惧和反感所吞没。于是我们不得不选择去听从致力于工作的那部分头脑。

李·鲁索维克《阴阳的本质》，第156页
Lee Lozowick (*In, Young: As It Is*)

只有强烈的冲击才能穿透到素质的层面。这种冲击是通过累积而引发的，需要长时间诚实而不带评判的自我观察才能实现。一次次的观察就像不断落在石头上的水滴，如此累积的信息最终会让我意识到：在不断呈现的理智、情感和身体习惯之外，我还有其他的可能；除了这种以恐惧为基础的生活之外我还有其他的可能。一旦我们的素质掌握了学习的方法，即纯粹而稳定的观察，它就会在这种修习中找到食物的来源，来满足对真理的饥渴。我们的素质渴望真理，我们只有用真实的东西持续地滋养素质，它才能得到营养并成长。理智—情感复合系统会指导我们，并影响我们在日常生活中的行为。看到这种状况会给我们带来真正的痛苦。信念系统、学来的知识、记忆中存储的他人的经验形成了自我，我们是如此地相信它，以至于没有任何质疑地让它控制着我们的生活。但我们不应该听信自我，应该把直接的体验当做我的老师。

记忆或头脑告诉我们的讯息与直接体验告诉我们的完全不同，这最终会让我们去质疑所有的权威，尤其是理智—情感复合系统的权威地位。渐渐地，我们开始相信自己观察到的现实，而非理智—情感复合系统告诉我们的现实。后者会否认我们基本的良善并创造出一个恐惧的世界，来支持需要安全和控制的假象。

无论是谁，只要身体放松，带着真诚和对自己无情的坦诚练习自我观察，同时不带任何评判和改变的企图，他迟早会体验看到真相的恐惧。这一定会发生，规律就是如此，我的经验也是如此。这就是我指的"对素质的冲击"，它让人难以承受。我看到我就是一个完全无助的奴隶，受制于我的心理模式，这种情况很难改变。唯一能改变的就是我与观察对象的关系，**我需要不去认同观察对象。**

从童年开始，我的习惯、模式就不断在我的内在无情地运作，从来不顾及它们给我的生活、关系和幸福带来的影响。它们永远不会完结，也不会改变和停止。它们自己无法停下来，必须有其他的东西让它们停下来。真实地看到这一切是令人恐惧的，但这种恐惧会把我的素质从沉睡状态中唤醒。我的素质从孩童时代就被生活所吞没，并一直处于沉睡的状态。作为一个孩子，我被迫去认同于一个对现实的解释，尽管它与我所感受和感觉到的东西，以及我通过直觉了解的东西都是矛盾的。那时如果我不去认同，就意味着失去爱。而现在，经过多年的自我观察，我在这个改变生命的关键点上意识到：如果我无法为自己的生命、思绪、情绪、习惯以及这个人类生物机器的运转负起责任，我将会一直认同于我的疯狂，直到生命终结都会被它奴役。我将会过着动物般的生活，像一只狗一样死去。我必须终止这种状态，但很明显我的理智—情感复合系统是不会停止的。只有在我死去，像一只"冷冻的火鸡"*一样时，它才会停止。

习惯就像一卷磁带，无休止地在理智—情感复合系统里播放。理智—情感复合系统用它来捕捉和消耗注意力，以便得到滋养，从而维系这个系统的生存。如果我不去认同，这个系统就无法持续地播放磁带，无法启动预设的模

---

* E. J. 高德先生的说法。

式。记忆功能，或者叫思考者或是左脑，是一个电化学的计算机系统，会按照预设重复它的模式。就这么简单。它整个的存在都构建在一个目标之上，即维系、保存和重复它的模式。在这个系统中我唯一能改变的就是我与它的关系，也就是不认同于它的模式或者说我的盲点（我的盲点是自我憎恨）。**我可以停止认同。**这是一个有意识的由本质做出的选择。唯一的"进步"就是在模式启动时观察和感觉到它，也就是不带评判和认同的观察。当我看够了，我就会开始理解这个系统永远不会自行改变，它一直到进坟墓之前都会一直重复它的模式并消耗注意力。当我不仅用理智理解这一点，而且让情感中心也理解时，我就可以观察到这个系统，并且深深地感觉到它，感觉到它带给我的恐惧以及这种恐惧对我的冲击。在这样的情况下，"对素质的冲击"就会发生，我那沉睡而无意识的素质就会被唤醒，进而去发挥它应有的作用，担负起它对于我的学习和生命的责任。只要我无法意识到自己素质的存在，我就无法看到是什么在消耗它。如果我能看到，我就不再认同于消耗它的东西。但在了解到我不是我观察的模式之前我必须先看到它一万次，甚至更多。看到这些模式，就是智慧的觉醒。

对素质的冲击不是一个单纯的改变，它是一种向更高存在层面——向另一种实相——的迈进。它是一种实质性的改变。这时，工作占据了主导地位，而心理模式和身体机能，尤其是理智—情感复合系统，则处于被动和服务的状态。当工作占据了主导地位，基本的良善就会出现，美德就会产生，一个人也就能够承担起驯服和训练自己哺乳动物身体的责任。此前，这个责任都是由大师或老师来承担的。对素质的冲击只有在内在的智慧和良心都被唤醒时才会发生。当我能够清楚地看到我需要什么时，我就知道要如何去做，并且能做出明智的选择。当良心觉醒后，我就能深刻地感觉到恐惧对我的冲击。我不再麻木。当良心痛苦到极限时，恐惧的冲击就可以唤醒素质。这就是转化。当这样的情况发生时，我就会变成前后一致和可以信赖的人，因为主导我的不再是我的习惯，而是对当下真正需要的觉察。我开始能够以适当的方式行动，不再表达不恰当的情绪。现在，掌控情绪和身体的机能是可能的，因为理智—情感复合系统已经由统治者转化为顺从的仆人，不必要的思绪不再控制我的头脑。这在萨满传统中称为"让世界停止"。

这种对素质转化性的冲击的美妙之处在于，由此显现出来的素质是单纯的，而非复杂、狡猾和世故的；它是个统一的整体，而非分裂的。它相信真相，因为它就是真实的。它不会无休止地去重复同样老旧无用的模式或习惯，它只是活在当下，在当下有效地运作。这才是人类的素质，它不再是疯狂的。

简单生活，不需要呼叫等待

没有手机，没有来电显示，没有呼叫等待
没有光缆，没有数字录像机，没有电脑
没有IPod，没有黑莓手机，没有电子记事本
没有笔记本电脑，没有驾驶式割草机，没有吹叶机
没有泳池吸污机，没有电子钟表，没有空调，没有新车
我活在另一个国度，另一个世纪

我骑着我的三速单车去工作
因为它可以帮助地球
还可以让身体在老去的过程中放松下来
它让身体剧烈运动
身体本来就喜欢运动，喜欢出汗
而那些大量涌现的让人省力的技术
其功能只是让我们的生命力枯竭

我用手在记事本上写作
因为我想看到自己的印记
就像在雪中可以跟踪足迹回到出发点一样
我想看到思路如何在纸上展开

看到哪里出了错

看到如何再度开始

一切都不会被删除

我不想知道谁在给我打电话或是谁打过电话

我活了六十五年

从未接到过一个对我有重要影响的电话

你通过电话找到我，很好

没找到，也不会失去什么

大多数人都是奴隶

而他们喜欢这样

经过那些心碎和失望的岁月

经过那些欺诈和背叛的岁月

你还相信下一个打来电话的人

会是你的救世主吗

当死亡来临时

你无法说

等一下好吗

电话那边还有人等着呢

第十七章 内在角度的转换——无为

工作的目的是为我们带来内在的自由。只有一个途径能够给我们带来内在的自由，那就是选择致力于工作的那部分头脑而非神经质的那部分。这必须是一个有意识的选择，只有一个办法可以让我们做出完全有意识的选择，那就是完整地看到神经质的那部分头脑，看到它是死气沉沉的，看到它的本来面目——完全空虚，没有潜力和创造力，缺乏真实的人类情感，没心没肺，只有它自己机械的求生欲望。这就是它。我们只有看到我们的生活、我们对父母的爱、对性的饥渴、对美食的向往、对优美音乐的热爱等这一切都是虚无的，绝对的虚无，都受制于机械而死气沉沉的神经质头脑，才会选择去工作。

李·鲁索维克《阴阳的本质》，第 157 页
Lee Lozowick (*In, Young: As It Is*)

……孩子的头脑……会基于一个孩子的智商、理解、期望和投射来决定他对世界和实相的看法。我们都知道，头脑的成长意味着它变得强大，进而控制我们。我们认同于它，觉得它就是我们自己。在工作中我们迟早要与头脑彻底而清晰地划清界线……包括它所有的组成部分，所有的认同、希望、梦想、渴望以及道德观……我们要与这个头脑完全划清界限。我们的行动必须完全跳出头脑内在角度的限制。

李·鲁索维克《阴阳的本质》，第 155 页
Lee Lozowick（*In, Young: As It Is*）

理智—情感复合系统对我们的控制离不开持续的思绪，打断持续的思绪就会打断评判，进而停止这种控制。打断持续的思维会带来"内在角度的转换"。我们不再以别人定义的真相为基础去生活，而是以实相本身为基础。我们完全是基于事物的本来面目，而非理智—情感复合系统提供给我们的意义来生活。这意味着不带改变企图地去接受实相，意味着完全的不介入。我们从当下直接的体验中提取信息，而不再依靠记忆中的过往经验和由过去投射出的所谓的未来。我们活在未知中，或者说本源的无知状态，这样做是明智的，因为我们可以不受记忆的干扰，与智慧的源头相连接。

头脑对于记住东西、解决实际问题和与他人沟通是有用的。所以，它不需要被摒弃，只需要找到它适当的位置，这样它就不会再做统治者，而只是去实现原本应有的机能：臣服于自身之外的一股力量，做一个忠诚的仆人。这股力量就是本质。本质只要停止对理智—情感复合系统的认同，就会成为一个活跃的主人。在这个阶段，当头脑开始思考时，内在并不会有紧抓或排斥思绪的活动，这些都是认同方式。相反地，思绪升起时，我的内在会有一种持续的平衡、沉静，而不会有任何的活动。在萨满传统中，这种停止紧抓或排斥思绪的活动就称为"无为"。

这种活动的停止会给造物主发送一个直接的讯号，这在古老的传统中称为"邀请"。只有受到主动邀请，才会有信息流——也就是智慧的源泉——从高等中心进入我们。有些人说这些高等中心在人类身体的外面，与身体保持着直接的连接，但我对此并不确定。我可以比较确信的是这些中心通过良心与我们直接连接。良心是在情感中心转化为感受中心后出现的，它从各个中心接收到的信息是以直觉和灵感为形式的。直觉是高等理智中心的思维，它可以同时看到一切，看到整个情况，无论是过去、现在还是未来。它提供的信息会涉及未知的范畴。而头脑只能基于已知来运作，它无法知晓从未发生过的事，所以只能基于过往的记忆来运作。头脑就是由过去构成的。这就是思维的局限之处。

直觉在一个不同的层面运作，来自一个完全不同的内在角度。灵感也一样，它是一种不同形式的感受，实际上它是一种感受而不是情绪。了解这二者的区别很重要——看看你能否通过直觉而非头脑来了解这个问题。情绪是有局限的，因为它的运作只是局限于衡量环境中的危险。情绪包括愤怒、悲伤、喜悦、恐惧等，它们都存在于情感中心之内。愤怒和恐惧与狂怒和恐怖不同，后面两种情绪存在于本能中心里，它们构成了求生本能，愤怒和恐惧只是这两种原始情绪的影子。

当情感中心得到转化，它就变为感受中心，成为承载良心的地方。这样它就成为连接高等情感中心的管道。我更喜欢把高等情感中心称为高等感受中心。这样会更容易让人明白它与情感中心的区别。灵感会即刻让我们看到整体的状况，而不会像来自头脑的思绪那样以线性的方式一步步运作，提供给我们分散和阶段性的信息。灵感的运作像一个闭合的圆，而非一条直线。

头脑只能基于已知来运作或"思考"，而直觉和灵感的运作则是基于未知的，是未知的体现，因而能够提供思维完全接触不到的信息。人类历史上有很多伟大的发明、洞见和发现都是在"灵光乍现"时产生的。在这样的时刻，人们能够清晰地看到事物的全貌。灵感通常体现为一个形象或图像。所以当"DNA之父"克里克看到两条互相缠绕的蛇时，有了DNA双螺旋结构的灵感；当爱因斯坦看到自己乘坐宇宙飞船以光速旅行时，他有了相对论的灵感。

这样理智—情感复合系统就可以展现出美妙的一面，它不再是敌人也不再胡作非为，只是去发挥预先设计好的功能，就像电脑一样。当内在角度发生变化，理智—情感复合系统的功能就会转变，它会把从直觉和灵感接收到的讯息诠释为可以与他人分享的语言或形象并散播出去。《新约》、《法句经》、《薄迦梵歌》、《道德经》都是作者从直觉和灵感接收的讯息，他们把这些讯息诠释为他人能够理解和传播的语言并散播出去。但是，很显然，这些作者了解语言的局限。老子在《道德经》一开始就警告我们："道可道，非常道。名可名，非常名。无名天地之始。"（《道德经》第一篇）

老子就是在描述这种内在角度的变化，并且同时告诫我们不要被语言所迷惑，对于通过语言获得的知识一定要有直接的体验。尽管这些忠告是有益而可贵的，但我们仍旧需要想方设法自己去发现真相。我们必须通过直接的体验来验证别人告诉我们的东西。而对此最为便捷和直接的体验就来自于自我观察。这种练习会自然而然地让内在角度的转变发生，因为它会逐渐地将理智—情感复合系统中被置入的缺陷显现出来。这些缺陷就是一种疯狂的状态，包括不必要的思绪、与不必要的身体紧张伴生的不恰当情绪，以及习惯性模式得出的毫无用处的解决方案。这些习惯性模式是基于既有的精神（头脑）及神经（中枢神经系统）反应模式形成的。我们为什么要如此反应呢？这并不重要，关键是意识到我们当下的任务，理解它，接受它，并且通过把注意力专注在身体上而回到当下的任务上来。

当我们精疲力竭、近于崩溃，并且开始绝望时，我们才会考虑对决定我们人生观世界观的内在角度做出变化。这种变化会直接深入到我们的缺陷。最终，我们的注意力必须回到家里，即专注在身体上和身体内。这样注意力才可以找到它本来的位置和正确的功能。这时，我才能开始做无为的练习。

我们都是受到损伤的的机器，这损伤来自于我们的童年、我们的人生经验，以及我们的抚养人给我们理智—情感复合系统设置的模式。我们接受的教育让我们以这些设定好的方式来看待这个世界，我们看到的内容就是内在角度的反映。这是一种极为狭隘的世界观，它是以恐惧为基础的。如果我们想要过上更为充实、圆满和满意的生活，这种看待自己和生活的内在角度就必须改变。

要想获得这种内在角度的改变，我们就需要以一种更为有意识的方式来理解和了解自己。这种方式不是习惯性的、机械性的和自动的，而是带着慈悲和客观性。客观性指的是诚实地看待自己，清晰地了解和理解自己，愿意对自己的所见所感成熟地负起全部责任来。自我观察可以为此提供所需的关键信息。如果没有这些信息，任何我们为改变所做出的努力都会像盲人摸象一样盲目和以偏概全，那样的努力注定是无效的。如果我们可以看到和感觉到自己的习惯，就有机会不受制于它们；如果我们不愿意看到它们，就没有任何的选择余地。

带着慈悲的自我观察意味着停止评判自己，只是去看去感受当下在内在升起的任何东西。我每次都会堕入评判的陷阱，而评判对我没有任何好处，也没有任何用处。评判是严厉而死板的，没有任何的慈悲，只会让我们陷入无休止的作用—反作用循环之中。除非有第三股力量进入这个循环，它才会发生实质性的改变。这第三股力量就是自我观察，它的发生就已经是实质性的改变了。其他的变化会随之而来，就像金属屑被磁铁吸引一样。自我观察会吸引来帮助，它是宇宙中一股重要的吸引力。它可以让我们在应对理智—情感复合系统时更加有效率和客观。它就是我们的救星。这时，意识会逐渐觉察到自身，我们也学会了如何在学习和创造中给自己带来最小的伤害。这就是在成长过程中产生的客观的爱。

通常最大的帮助就是什么都不做

我错过了一些为导师提供帮助的机会

这些机会很明显

有一次是导师直接提出的要求

所以我会祈祷要成为对他有些用处的人

哪怕是些微小的看起来无足轻重的用处

就像我头脑中想象过的任何事一样

这件事也不是按照我的设想展开的

因为我喜欢她甜美的声音

以及她朗诵李先生为她所写诗歌时的声调

我于是开始给她写失恋的诗歌，写伤感的诗歌

写出来的东西没什么份量

但我把它们拿给李先生看

告诉他我想要做的事

他说写诗能给我带来真正的快乐

而这样的事为数不多

他就说了这么多

他没说让我停止

也没说这样会抢夺了他为数不多的乐趣

没有请求,没有辩解,没有借口

但在那个时刻我看到了自己的机会

也就是我所祈祷的事

没有一丝遗憾和自怜

我再也没写一首诗歌

第十八章 在茂密草丛中的鹿

为了从联想的层面剥离出来,我们必须要连接到更加精微的能量。我们头脑的高等部分充满了精微的能量——那里只有沉默,没有语言,也没有挣扎。

当我把对自身的感觉与更加精微的能量连接,这些能量就会聚集起来。这种聚集的能量只能用在我的内在世界,外在世界不需要它。

经过一个漫长的过程,我能够保留一些这种精微的能量。我收集它们,并试着不让它们外流,这样它们就能够结晶并且不会再与粗糙的能量混杂在一起。这个过程很缓慢,需要耐心。而这是改变重心的唯一途径。

海莉薇·拉纳《问题的内在》
Henriette Lannes (*Inside A Question*)

就像上文描述的那样，我缓慢、自然、柔和而耐心地开始了一种能够带来全新状态的练习。这意味着我的挣扎和练习就是一刻接一刻地活在当下的身体里，在记起时回到身体里，无论是白天还是夜里（这种情况偶尔在睡梦中也会发生，有时这种状态会把我唤醒，就像昨天凌晨四点，我得到了一些信息，必须起床把它们记下来以免过后遗忘掉）。这就是灵感。这是高等理智中心与我们的沟通。这种沟通迅速而清晰。我相信你知道这种记得自己、回到身体的舒适体验。

以下是我对如何加强这个练习所给出的建议：当你阅读本书或是任何其他书籍（尤其是谈论智慧的书籍）时，请保持脊柱正直,双脚平放于地上,这会有助于你保持某种程度的自我观察和记得自己。为了全然地去感觉内在的临在或本质,我们需要将注意力集中在身体的感觉(本能中心)上。在这里注意力可以找到锚点并生根,感觉到内在的临在,我称此为"全然临在的练习"。我会倾向于把注意力放在前额或头顶,其他的学校会根据它们特殊的教学目的而教导学员把注意力放在肚脐、太阳神经丛或心口的位置上。圣人奎师那这样教导弟子阿朱那:"那些离开身体时心灵安定、充满虔诚的人,可以通过冥想的力量在眉心聚集全部的生命力达到至高无上的境界。"[*]

但是,很可能除了肚脐(本能中心所在的位置),我们其他的中心都被污染了。位于前额的眉心轮和头顶的顶轮,本来是清明和客观的,可以让我们有效而敏锐地工作,并且在能量—印象(这就是从上天不断流下的生命能量,它从头顶进入人体,在内部循环,那些被污染的中心会为了自身的利益去捕获和消耗这些生命能量)进入的时候留住它们。这两个中心可以做出客观的评估,在这里警觉的注意力是稳定和完全静止的,会吸收这些能量,既不会向它

---

[*] 《薄伽梵歌》英文版,第79页。

们扑过去，也不会逃开。这是一种不去选择的觉知和**不认同**。一旦其他被污染的中心得到清理，它们也可以具有这种客观的觉察。这样，不断流入的能量就能够被有效地利用。于是我们不会再因为认同而去为那些污染添加能量。它们会被包容，被创造性地利用，而不是被评判、诅咒和打击。它们不会再被用于演出心理—情绪的戏剧，而是成为一个有用的"内在提醒装置"，帮助我们来坚持自己的目标：达到纯净、清明的状态，持续地练习自我观察和放松身体。这样，一个没有评判的"安全"地带就在内在建立起来，在这里污染物会得到包容和接纳，而不会去影响整个身体。当我们对内在的污染物不加评判并且给予相应的空间，它就会逐渐净化。

一个放松的身体是没有污染的。每一种污染，无论它的种类或内容是什么，都会在身体内制造紧张。哪里有这种紧张，流动的能量就会**在哪里**停滞，并且被理智—情感复合系统所捕获和消耗。于是，身体里能量的流动就会受到严重的影响，污染也会因此得到所需的滋养，而本质会因缺少所需的食物而饥饿。当本质挨饿时，污染就会成长。

在做全然临在的练习时，经由不带评判和改变企图的观察，污染反而成为了本质的食物。就像壳中的小鸡靠蛋黄这一营养来源存活一样，本质也需要小我的滋养，这些污染就是小我。逐渐地，小我（即污染）被消耗了，剩下的只有不被小我遮蔽、不被习惯污染的本质。

要让这种过程自然而然地发生，我的注意力就需要在能量—印象流入顶轮（在头的顶端）的时候保持稳定（不认同）的状态。此时任何的内在活动都是一种认同，那样，注意力就会被捕获和消耗。此时的注意力就好像是在茂密草丛中躲避猎人的鹿一样，它保持静止，躲在茂密的草丛中一动不动。由于鹿没有暴露它的位置，猎人只好去寻找下一个猎物。当小我通过思绪、情绪和身体的姿势撒下它的大网，注意力必须像草丛中的鹿一样，保持姿势安住在对身体的感觉上，不去介入，不向前冲也不逃跑。这样小我就没办法为了自己的目的而捕获和消耗注意力，于是各种微不足道的"我"升起而后消退，却无法影响我。我的注意力不认同于它们，它们就会变得脆弱。它们自身是没有力量的，必须捕获注意力的能量才能行动。如果鹿没有暴露出它的位置，猎人只好去寻觅新的猎物。

处于不认同状态的注意力被有些学校称为"自由的注意力"，这是我内心最深处的渴望。"自由的注意力"没有被污染，不会认同。它有选择的自由，有保持静止的自由。

《诗篇》*第46章第10段中写道:"你们要休息,要知道我是神。"安静下来去了解,否则你就会像一只狗一样死去。这是我们要做出的选择。如果我们把呼吸带到肚脐,放松我们的身体,不去介入进来的能量—印象,身体就可以行使它的高等功能——成为"能量转化装置"(E. J. 高德先生的说法)。它可以把进来的印象—能量转化为品质更精微的能量,这样这些能量就能够被用来滋养造物主而非小我。

比方说别人伤害了我的感情,引发了我的求生本能,即战斗或逃跑,这个简单的(但并不容易的)练习就是不去试图改变习惯——这是评判的结果,不评判就不会有改变的企图——而只是在内在给予它空间,让求生本能可以有空间来进行自然的、生物的和遗传的预设反应,无论他人因为什么给我造成伤害。这样,就不会有对抗性的努力,于是身体里也就没有不必要的紧张。这时,我会通过努力来得到客观的注意力,并且对伤害我的人(他是出于对爱的恐惧,跟我一样)做出平静、理性和善意的反应。这样,我的污染就成为了我的盟友,它成为了我"内在的提醒装置",并且可以立刻帮我达到我内在的目标:有意识的注意

---

*译注:《旧约》的一部分。

力、善意、大方、宽恕、精进。战或逃的反应**提醒**我要善良和宽恕，它唤醒了我有意识的注意力。所以我不会把它当做敌人（试图改变它，与它对抗），而是把它转化为内在**工作**的盟友和伙伴。我的内在不再有疯狂的争斗，只有合作、各中心之间的沟通以及这个人类生物机器内在和谐的运作——为了爱，也为了他人的利益。这就是无私的爱，客观的爱，它不依赖于我们的感受而存在。虽然平常我们也会有爱的感觉，但受到伤害时爱就不在了。然而这种客观的爱的产生完全取决于我们的投入程度和练习状况，它是稳定和持续的，不再受制于情绪。情绪就像是在茂密草丛中搜寻鹿的猎人，如果鹿保持静止不动，猎人就只能继续前行。你只要不去认同那些不属于自己本质的东西，猎人就无从下手，你的痛苦也会终结。

爱不是一种感觉

爱不是一种感觉

它是铭刻在石头上的誓言

但相信感觉会让我们陷入一次次的失败

最终我们会变得孤独、心碎和愤世嫉俗

爱不是一种感觉

它是一种可靠的日常工作

无论我感觉到什么

我都不会隐瞒

而是让它呈现

她可能像仙人掌一样棘手

看起来并不悦目

对她的感觉可能是厌恶

也可能她是最可爱的

对她的感觉可能是渴望

无论厌恶还是爱慕

这二者都会化为尘土

而对于工作的承诺却是笃定的

无论我是否感觉准备好了

这承诺都不会受到影响

第十九章 良心的觉醒——背负自己的十字架

良心有赖于对客观受苦的理解。

作为一个成熟的人，至少我们可以不带愤怒地承受他人让我们不快的行为并容忍他们，不采取任何报复措施，并且慈悲地看待这些个性压倒了本质的人。

E. J. 高德《奉献的喜悦：苏菲之道的秘密》，第 99 页
E. J. Gold (*The Joy of Sacrifice: Secrets of the Sufi Way*)

教会我如何感受他人的痛苦，

教会我如何忽视他人的过错。

我展现给其他人的悲悯，

也会被展现在我的身上。

亚历山大·蒲柏（1688-1744）

我们首先要理解：不带评判、不试图改变观察对象的自我观察是一条唤醒良心的道路。如果我持续而坦诚地观察足够长的时间，良心就会在我的内在觉醒。这是自然而然的，也是无可避免的。这种觉醒是坦诚的自我观察带来的副产品。

一旦良心在我的内在被唤醒，我就会感受到那痛苦，因为现在我就会知道真正的有意识（自愿）受苦是什么，**我的痛苦**也就会具有一种我前所未有的新境界。我会故意、无情、盲目而又残酷地反对那平静和细微的感受，也就是良心（称良心为一种声音容易误导人，因为**良心不会讲话**，它是一种感受，这也是为什么它会痛苦的原因）。良心永远不会强迫自己，也不会具有攻击性、执着性、侵略性、暴力性、批判性和评判性，它被违背时只会发出痛苦的颤动。除非我改变自己的方式，纠正自己的错误，否则它会一直发出一种感受层面的痛苦颤动。

一旦我内在的良心觉醒，它每次被违背时都会痛苦。这种痛苦属于一个我所不熟悉的更高等级的崭新层面。这种痛苦是难以承受和难以忽略的。良心不会去要求或谴责，它只会深深地痛苦。

我们的练习以如下两种方式对待痛苦：看到它和感觉它。就这么简单。不需要在内在做出任何改变，我只是看到和感觉到自己违背了良心。这**并不**意味着我在外在不去纠正自己的错误。我会的，而且我纠正得越迅速，我的痛苦就减轻得越快。在这之后留下的是良心因我的行为所必须承受的伤痛。这在一些古老的学校中称为"爱的伤痛"，在密传的基督教中称为"背负自己的十字架"。这意味着我不再需要上帝或师父作为我外在的良心，因我的错误而痛苦。我内在的良心已经觉醒，我可以看到自己的错误并加以纠正，我会为这些错误而痛苦，并信任内在良心的指引。这就是对实相的信任。我由此开始恢复清醒的状态。

良心是什么？大师们认为良心是与造物主的心和脑进

行的直接沟通；密传的基督教认为良心与高等理智及情感中心有着直线的连接，而高等理智及情感中心是根植于源头或造物主的。我的经验验证了这些观点。其他一些古老的学校也告诉我们良心就是上帝，我的体验让我无法对此提出质疑。还有些人说良心就是圣灵，或是觉醒的灵魂、觉醒的自我。有些密传的基督教也称此为"基督升天"，还有些大师把良心的觉醒称为"意识的觉醒"。

无论你如何理解这种现象，每一个**工作**的人都会遇到。觉醒的良心是我们内在值得信任的东西，我们在任何事情上都绝对可以相信它。良心不会撒谎，苏菲教的人把它称为内在的**真正朋友**。它能够为我们提供真正的帮助和前进路上的指引，这是造物主对每一个灵魂能走上与源头合一的旅途所给予的帮助。

持续不断地练习不带评判和改变企图的自我观察，良心自然就会升起。我必须从我的内在和外在去观察和感觉自己的行为。"渴望"和"意愿"在一起就可以唤醒良心。逐渐地，在"渴望"和"意愿"的结合之下良心就会升起，而从中会产生出目标。真正的目标来自于良心。

当我们有了"目标"，就会找到盟友。我们内在每时每刻升起的习惯性动力就与我们的目标有关。它们可以被转换成"内在的提醒装置"来让我们记得自己的目标。它们可以从弱点、缺陷被转化为**工作**的忠实仆人。它们可以被带入我们内在的**工作系统**[30]。我们不再与它们抗争或改变它们，它们本身其实就可以服务于我们的目标，给予我们协助。它们可以滋养良心，让良心发展，成长和成熟。在萨满的传统中，那些令人厌恶的、不幸的以及恐怖的东西都是我们强有力的盟友。这个比喻也可以说明我们最核心的缺陷或盲点对我们的意义。在萨满的传统中，能够获取这种盟友的力量并让它服务于我们的工作是一项了不起的技巧，也是一个神奇的途径。自我观察就是这样的一个工具。

实际上，所有教导我们要去评判和对抗这些"缺陷"或"弱点"的体系都是错误的。每一个你遇到的人无一例外都有着各种"缺陷"，而这是造物主给与我们的礼物。为什么呢？很简单，它们可以帮助我们唤醒良心。没有它们，我们将不会珍视我们的良心提供给我们的东西，不会发展出一种内在的"渴望"或一种内在的"意愿"，我们的内在也不会有力量来支持转化。这些"缺陷"是礼物，而不是真正的缺陷。能量就存储于它们之中，等待被释放出来。我们通过最简单的练习就可以释放这些能量，即观察和感觉这些"缺陷"对我们和我们所爱的人造成的影响。

良心的芥籽是造物主心和脑的最细微踪迹，即使是这样一颗良心芥籽也可以成为人类生物机器中最强大的力量。你想要奇迹吗？你为了**活在奇迹中**愿意付出什么代价呢？你需要付出才能收获。自愿的受苦是我们唯一可以付出的东西，它是我钱包中最珍贵的硬币，所以当新约教导我们"一个商人（**工作者**）为了购买一颗宝珠（良心）而卖掉了他所有的东西（他的小我以及小我的目标）"，它指的就是这个意思。只有一个绝望的人，一个因"恐怖的情况"受苦多年的人才会在造物主面前放弃他所有的东西来换回一颗芥籽，也就是那颗"宝珠"。你明白了吗？

良心是造物主在我们内在的体现，是连接造物主心和脑的直接管道。所以当我们违背了良心，我们感觉到的是造物主的痛苦，那是我们的行为造成的直接后果。造物主没有任何怨言地背负着我们的行为及其造成的痛苦，只有我们为自己的思绪、情绪、言语及行为负起责任，这种痛苦才会带来收获。作为造物主痛苦的根源，我们开始觉得不舒服了。就是这样。于是，当我们有所偏离的时候，我们会立即采取行动以保持清醒的良心。

停止违背良心展现了"背负自己的十字架"这句话更深层的含义。我们不再让造物主因我们的罪（唯一的罪就是违背良心）而受苦，我们成为了负责任的生灵。我们会依照良心去行事，以避免让我们的造物主受苦，避免产生那种可怕的和难以承受的痛苦感觉。这时，为了避免这种感觉带来的后果，我们会去做任何事情，包括成长，为自己的生活负起责任，不去责备他人，不让他人因我的麻木、不安和幼稚受苦。这时，我就不再只是一只哺乳动物，而成为了真正的人。

当我们让造物主去承受痛苦时，我们内在产生的那份感受称为"良心的懊悔"。这种懊悔是来自上天的一份礼物，会将我们转化。我们已经看到它，体验到它。懊悔是一种转化的介质，由良心带入我们的内在。

这里有一个秘密，它埋在书中，只有读到此处的读者才能发现。这是一个工作的方法，它可以滋养良心，帮助它成长。只有那些成熟到一定程度、良心开始觉醒的灵魂才会对此有需求，并且体会到这个方法能够给我们带来的价值。这是一个高阶的成熟的工作方式，它对我们有着很高的要求，会产生不同层面的痛苦，但会带来全新层次的收获。我们的收获是一种完全不同的人际关系状态，一种内在和外在全新层面的信任。你会对这种练习感兴趣吗？下面就是对这个练习的陈述：

毫无怨言地承受他人令你不快的表现；忍受他人的错误并给予友善的回应，希望别人怎样对待自己就怎样对待别人，别人打你左脸，你就转过右脸让他打。

也许你能够看出为什么这是一个高阶的练习，它只有在良心的帮助下才能够做到。这个练习对于日常生活中的人来说是无法想象的，他们甚至想不出这样做能带来什么好处。

但你阅读本书到这里，也许可以感觉到无论是对于成长中的灵魂还是对于他周围的关系人，这个高阶练习都有着深刻的意味。它需要我们付出巨大的代价——卖掉我们所有的东西，而回报则是由内在的烦扰或它引发的冲突产生的"宝珠"。你能想象它所需的付出和带来的价值吗？它给"背负自己的十字架"赋予了全新的意义。它对你到底有什么价值呢？你愿意舍弃你的抱怨、闲话、负面情绪、报复心和愤怒，以便让你的良心，你的守护天使来为你服务吗？

这个练习很难，但令人惊奇的是，最大的困难不是来自我的朋友、同事乃至陌生人，虽然他们都会带来困难，最大的困难来自于我的太太，我深爱的太太，以及那些我最亲近的人。面对他们，我是那么难以管住自己的嘴巴，并让我的评判和愤怒止息。对此我还要多加工作。我很重视这个练习,并且很高兴为此而努力,不是为了对抗我的习惯,而是为了得到宝珠,为了得到守护天使的帮助。只有得到这个练习的帮助,我们才会有希望。我深深地渴望和祈求能够在任何时候和每一件事情上跟从我的良心。这就是我的目的。

现在,我的内在有着良心的芥籽,而非从他人那里借来的信念系统。**这完全是属于我的东西,因为我为此付出了代价**,我愿意出卖自己的一切来换取这颗宝珠。我会因此感受到强烈的痛苦,但我是在新的层次上以一种全新的方式受苦。**这种痛苦会滋养我的良心**。我仍然不需要改变我观察到的任何东西,良心会在适当的时机以适当的方式去改变一切。我改变不了任何东西,如果我尝试去改变,只会像以往一样把事情搞得一团糟。

汤姆杀死了一只兔子

汤姆是我太太的父亲

一次他告诉我他在八岁生日时

得到了一张弓和六只箭

他在院子里对着稻草靶子射了几个小时

终于厌烦了

然后他设置了一些更小更难射的靶子

一个易拉罐、钉在树上的一片纸、一根木头上的一只旧鞋

汤姆很棒,三天左右这些也难不倒他了

于是他希望有更有趣更活跃的东西

可以从他面前逃跑的东西

他想要射杀动物

他进入丛林

最先遇到的是一只吓呆的兔子

他拉弓射箭,射入兔子体内

但兔子没有马上死去

箭射入了地面

将兔子钉在了地上
兔子的腿剧烈地扭动
它只能疯狂地绕着箭转动
血流下来
兔子的眼神狂野、闪亮而痛苦

汤姆带着恐惧呆立着
不知所措
当他讲到这里抬头看着我时
眼里充满了痛苦
就像那只兔子一样

他放下了弓
再也没有拿起过
他是个大男人
这故事让我这么认为

他在丛林中射了一箭
却刺穿了自己的心

第二十章 高等中心

人只靠自己无法成为一个全新的人：这需要在内在产生特定的化合物……当这种特殊的物质积累到足够数量时，就会开始结晶，就像在水中放入过量的盐会结晶一样。当大量的精微物质在人体内累积到一定程度时，一个新的身体就会在内在形成并结晶：这就是一个更高阶的新音程中的"do"。这个通常被称为星光体的身体只能由这种物质形成，而且不可能在无意识的状态中形成。通常情况下，这种物质可以在身体里产生，但却被我们使用和丢弃了。

葛吉夫《来自真实世界的声音》，第 202 页
G. I. Gurdjieff（*Views From The Real World*）

无条件的爱，也就是有意识的爱，会依照有意识行为的法则来运作，而不会依照机械的法则运作。它来自高等中心，是一种恩典的行为。它是造物主接到邀请自然而全然地进入人体生物机器内。这是疲惫的旅人回到家中，成为自己本来的样子，即无始无终的无限意识。这时，一个人可以做出声明："我就是**那个**"，或"我和天父是一体的"。这是一种完全不同等级和境界的爱，依照一套完全不同的法则运作。例如，与有意识的爱有关的一个法则是：无条件的爱会在他人身上引发同样的爱。我在一些大师身上看到了这个法则的运作。我并不是基于一些书籍，或借来的知识或信念来跟你谈论这样的爱，对此我通过亲身经历做出了验证。我付出努力并且等待恩典的降临。

真正的爱是有界限的，而恐惧没有。真正的关系具有非常清晰的、双方共同认可的界限。不尊重这些界限会导致关系出现问题。就是这样。关系中的界限并不是属于我们自己的一个主观而隐秘的观点，它被双方认可并可以约束我们的行为。我们之所以愿意遵从是因为我们希望这段关系能够长久维持。就是这样。很多时候在一段关系中，两人都声称对彼此有着不灭的爱，但却在关系中没有界限，没有承诺，只想着自己的欲望、何时满足这些欲望以及如何来满足。这是一种孩子气的关系模式，体现了婴儿希望妈妈对待他的方式。这时，那些微小的和自私的"我"就会得逞，它们进入到关系中然后消失，无可避免地会带来破坏和分手的结果。无意识的人会做出这样机械性的选择，并且无休止地受苦。

而当内在的高等中心被激活时，情况就大不同了。此时，为了他人的忘我而无私的行为就会出现。良心是我们内在接受高等中心影响的装置。一旦良心觉醒，我们会自愿地接受高等中心的影响。通过工作，我们对高等中心发出邀请，激活了它们的影响。良心就是高等中心在我们内在的展现。它是法则的代表，促使人类基于基本的良善，以恰当的方式行事。这是灵魂的本性，也是我们的天赋权利。我们是可以做好人和做好事的。灵魂是来自灵界的生灵，降生到人类生物机器里来发展无条件的爱的能力。地球是个学校，是灵魂的幼儿园，需要成长的灵魂被送到这里来学习。这里的课程很简单，但并不容易。我们在这里学习如何没有限制、没有期待和没有条件地去爱。每个人天生都有一个学习的工具，即自我观察。它很简单，但用来帮助我们学习已经足够。

为了达到我们的目的，我们必须要收集和存储摄入印象所携带的活跃能量，不让理智—情感复合系统把这些能量窃取，并用于无休止又无用的重复性心理剧和机械反应。我们必须"吃掉"摄入印象所携带的活跃能量。"有时候我吃掉熊，有时候熊吃掉我"，这是萨满传统对这个练习的描述。在20世纪中叶的纽约，有一个神秘的人开了一家古董店，他成为了灵性圈子中的传奇人物。人们叫他鲁迪（Rudi）或如德亚南达大师（Swami Rudrananda）。鲁迪显然很善于吃掉摄入印象所携带的活跃能量，他也教导别人这么做。他以高等中心来工作。他会和他的学生在屋子里静坐几个小时，不带任何干扰和认同地吸收摄入印象所携带的活跃能量。他显然擅长此道，而这会让身体激活高等的功能，成为一个"能量转化装置"。我们的任务就是有意识地不去干扰摄入的能量,允许身体的高等功能来运作。如果我们不断地窃取这些能量,身体就会保持在一个哺乳动物的层次,只是一台机器。

吃掉摄入印象所携带的活跃能量是人类被创造出来所需要做的工作,这样可以帮助造物主维系他的创造,并且为创造高等身体和滋养诸如地球这样的天体提供更为精微的物质或者说食物。我们可以从另一个角度,从一个低一些的层面上看待这件事。胡萝卜带有很粗糙的能量,身体无法利用。我们把它咀嚼分解并与唾液混合,然后在胃中把它与胃液混合。这样胡萝卜就变得越来越精细,并且在通过胃和小肠时逐渐被吸收并融入血液。摄入印象所携带的活跃能量是粗糙的,而造物主的能量则是非常精微的,可以称之为爱、客观、智慧或气。如果我们不去干扰这些能量,不窃取它用于自私的心理戏剧、幻想、负面情绪和想象,我们的身体就可以行使它作为"能量转化装置"的高等功能,并滋养造物主或高等中心。宇宙中的一切都需要进食,这是个客观的法则。造物主也不例外。

这条路需要勇气,而勇气不会白来。勇气不是给英雄准备的,英雄不需要勇气。勇气是像我这样懦弱的人所需要的。它来自于清晰地看到内在的恐怖状况，看到那状况有多糟。于是我得到勇气进入未知，因为已知是令人难以接受和承受的。而在有了一些神经科学的新发现后，未知也就没那么神秘了。Jonah Lehrer 在《纽约客》上发表的文章《兴奋的猎人》里介绍了这些新发现。他引用了针对大脑新皮层额前叶的研究结果，他提到："……前部的新皮层（位于大脑的顶部）控制着其他区域的活动。"* 这些研究不仅集中在大脑的顶部，而且也涉及了右脑。右脑是通往未知的大门，这部分的大脑连接着高等中心。这些研究表明，脑波仪精确地测量了被测者产生"洞见"（我称之为灵感）时的脑波状态："……脑波仪记录到伽马波的高峰，这是人脑能够发出的频率最高的脑电波。伽马波被认为是来自神经元'联结'的状态，就好像大脑皮层上分布的细胞聚合成一个网络，这样就可以进入有意识的状态。"** 换句话说，大脑在"洞见"产生时被重组和转化成一种全新的未知状态。这也是冥想和自我观察可以带来的状态。Lehrer 说："一个洞见就是对于头脑存储的海量未知信息的短暂一瞥。此时，大

---

*《纽约客》杂志第 45 页，2008 年 7 月 28 日出版。
**《纽约客》杂志第 43 页，2008 年 7 月 28 日出版。

脑皮层把它的一部分秘密展示了出来。"*

在一些传统的灵性体系中这并不新鲜。圣者奎师那教导阿诸那"把注意力放在两眉之间",他之所以这样做是因为大师都知道持续而有意识地把注意力放在那里会引发大脑皮层伽马频段的脑波,这些脑波来自于高等中心,会让大脑皮层向高等中心敞开。这是完全可行的,通常我们只是没有连接上高等中心。而连接上高等中心的结果就是"开悟"。这就是开悟背后的原理。当我们有意识地让左脑的活动聚焦在感觉身体上,把注意力置于大脑皮层前页的上部时,就可以控制左脑,让它不再随机和强迫性地去对它存储的内容进行搜索和归类。这样,左脑就找到了自己在人体内适当的位置,它会逐渐地理解它本应承担的职责。它会了解它在人体中做什么工作最有效。在一些萨满传统中,这被称为"清理音岛"。在这种岛(大脑)的一边存在着各种各样的带有自身企图的"我",它们试图去抓住我们的注意力,那里就像一座精神病院一样。而在另一半的右脑则像一个静默的见证者一样,没有任何介入地观察着。当左脑的那群"我"得不到滋养,它们就会安静下来。这时,

---

*《纽约客》杂志第45页,2008年7月28日出版。

左脑就可以恢复它的高等功能，作为右脑的顺从仆人而有意识地活跃起来，接收高等中心的讯息。右脑一旦被有意识地激活，就成为了与未知连接的导体，传导"洞见"和智慧。这是另一种形式的冥想，在行动中的冥想。灵魂客观而主动地对身体及其功能进行冥想，没有任何欲望和干扰，身体被动地接受灵魂散发出来的影响。这种客观冥想的结果就是：身体没有任何紧张，不必要的思绪逐渐消失，不恰当的情绪逐渐停止。这就是古代的灵性传统认为的"开悟状态"。现在，我成为了一个导体，一根禅宗里所讲的"空竹"。我会不加干扰地去接收高等中心的影响，以及带有活跃能量的印象。我是宇宙创造进程中的一个工作单位，成熟地担当起我应有的职责，并且与造物主和谐一致。这就是最高层次的"记得自己"。

我们内在的高等中心一直在运作，但它的影响被喋喋不休的大脑所淹没。我们必须安静下来，"让世界停止"，以便能接收到它的影响。但是依据法则，我们必须发出邀请。认同会阻碍我接收它的影响。当我能够感觉到内在的临在（另一层面的"记得自己"），帮助就会到来，转化就会发生，头脑的状态会被调整，我的内在也得到了转化。

呼唤雨的精灵

我的女儿们和我曾经开车经过一个地方

那里的树和草都着了火

我们停下车

温度有100度,没有云彩

没有可以救火的东西

我那叫雨点的女儿那时五岁

她说她会呼唤雨的精灵

她这么做了

她闭上眼坐在车后座

盘着双腿然后直挺挺倒下去

她完全静止不动

我那叫微风的女儿和我看着她

不知所措

几分钟后雨点坐起来

又过了几分钟后大雨落下

过往车辆不得不停在一边

火马上被浇灭

我看着这一切发生

这只是孩子的游戏

我并不指望你相信

我告诉你这一切只因为

我看到我们为了合理性而放弃信任

这会让我们付出多大的代价

雨点知道要怎么做并去做了

我看到了

我不指望你相信

尾 声

在战士的旅途上……我们不是去超越一切众生的痛苦，而是要不惜代价向着湍流和疑惑前进。我们探索不安与痛苦的真相和不确定性，而非把它们推开。如果这要花上很多年——乃至很多世——我们就让它这么发生。我们以自己的步调前进，不需加速和野心。我们向下再向下。与我们一起的还有几百万其他人，他们都是我们从恐惧中觉醒的伙伴。

(佩玛·邱卓)

为了能敏锐和真正客观地看清楚，一个人必须想办法完全不卷入任何的思绪、情绪和体验。这是非常难的，但即使困难，也必须要做到。不卷入任何的思绪、情绪和体验为我们从开悟的角度去看提供了基础……一个人必须通过冥想和静心来达到不卷入的状态，这样才能感知到实相……最终，他不得不问自己：我现在的位置是怎样的？我在多大程度上能够真正做到不卷入正在感知的对象？这种静心状态必须要保持。这不是件一劳永逸的事。

> 安德鲁·克恩《全然觉醒状态的调诡》,《什么是开悟?》2:1,第6~7页,1993年1月

你还没有真正受够恐惧,否则你就会丢下它。你因为一些原因而不愿放手让它去,还是紧抓着它。你无法改变自己,什么也改变不了你——无论是原始疗法还是支持小组——什么都没用。所有能发生的改变就是你变得接纳自己。即使是上帝也改变不了你。否则的话,为什么他要把你创造成这个样子,当你有问题时又改变不了你呢?如果他真的能改变你,那么你就不再是你了。他以唯一可能的方式创造了你。你认为你丑陋,那你就是丑陋的。你不喜欢你的身体,不喜欢你的头脑,但它们就是你,接受它们……

小我想要改变,变得喜悦、开悟和独特。没有人爱自己。有宗教信仰的人会具有这样的美好态度——什么都无法改变,所以吃好,活着,享受。他不会浪费能量去和自己对抗。除了态度有问题一切都没有问题。你想把一个圆变成方的——这不可能,即使做到了,圆也就不是圆了。

> 奥修《达显前的笔记》,印度普纳,1975年6月26日

词汇注释及中英文对照表

①**机械性的**（Mechanical）：被习惯所驱动，自行运转，无意识，没有觉察力。

②**意愿**（Intention）：来自于理智中心，甚至可能来自更深层的本质。当它与来自情感中心的渴望结合时，就会产生意志力。（参见**渴望**、**意志力**）

③**注意力**（Attention）：将头脑、感受和本质聚焦于一个物体或过程上的行为；本质就是人内在的注意力，注意力就是意识。

④**意识**（Consciousness）：所有生命中都有的本源生命力或智慧。对于本质或临在的一种"我在"的感觉。一种存在感。一种不受小我干扰的自由注意力。这股力量在人类的内在可以通过有意识的努力发展和成熟起来，并达到造物主的层次。自我观察就是达到这种状态的工具。

⑤**专注力**（Will of Attention）：一种基本的和起码的能力，有意识地把注意力投注在特定的物体或内在过程上，

即使在认同状态中无法采取其他行动时也可以做得到。这是一种在日常生活中看到自己本来面目的能力。

⑥**认同**（Identification）：我就是那个。相信自己就是身体，就是身体的活动或机能，或是其他任何东西（相信自己是注意力除外）。

⑦**客观**（Objective）：看待一个物体或过程的角度，它不受小我，或是小我的信念、观点、评判、好恶所干扰，不会认同于所观察到的物体或过程。（参见**认同**、**自我**）

⑧**负面情绪**（Negative Emotion）：所有以恐惧为基础的情绪，与当下面临的危险无关的情绪。那些不是爱的情绪。

⑨**基本的良善**（Basic Goodness）：不受小我左右的本性，被良心所影响和引导的本质。（创巴仁波切的说法）

⑩**灵魂**（Soul）：（参见**本质**）

⑪**机器**（Instrument）：（参见**人类生物机器**）

⑫**造物主**（Creator）：谁知道啊？我的小我不知道，大我可能会知道。

⑬**工作，也叫自我的实修**（Work）：有意识的自愿的内在工作，不带评判和改变企图地观察自己的本来面目；在日常生活中记得自己；不受缓冲器、谎言、责备和辩解干扰，

能观察到自己的本来面目并因此而痛苦。

⑭ **人类生物机器**（Human Biology Instrument）：对身体更为客观的看法。

⑮ **生灵**（Being）：有很多名字，灵魂、大我、心灵或意识，在一般的生命中处于未发展状态，只有通过特别的、有意识的努力才能发展。（参见**注意力**）

⑯ **中心**（Centers）：有些体系称之为脉轮、体内的能量转化点。第四道体系在这里主要考虑四个中心：理智中心（头脑）、情感中心（太阳神经丛）、本能中心（肚脐）和运动中心（脊柱末端）。此外还有高等情感中心和高等理智中心，它们存在于身体之外，但可以与身体相连接。

⑰ **感觉**（Sensation）：身体内能量的流动，表现为注意力和输入五种感官的信息。

⑱ **目标**（Aim）：意愿（来自理智中心）和渴望（来自情感中心）的力量相结合的结果。真正的目标来自于良心，是拥有意志力的开始。（参见**意愿**、**意志力**）

⑲ **污染**（Contamination）：认同于身体及身体的机能和局限，认同于外界的物体和人，也叫盲点（参见**盲点**）。是由那些出于好意但却无知的人在我们童年时输入到我们身体能量中心内的模式，这些模式定义、限制和约束了自我，

约束了我们的生命和我们经验到的世界。它们控制了我们观察和感受的方式及对象范围。

⑳ **自愿性受苦**（Voluntary Suffering）：与人类一般意义上因习惯、信念系统、期待和欲望所受的苦不同，它是有意识地刻意观察自己，不带任何评判和改变的企图。它与平常机械性的受苦不一样，具有转化本质的力量。

㉑ **意志力**（Will）：有意识地把理智中心、情感中心和本能—运动中心同时地聚焦在一个物体、行为、方向或过程上。这是一种控制注意力的能力。

㉒ **可靠的身体**（Honest Body）：有意识放松的身体，尤其是在遭遇压力时；没有不必要的紧张和认同的身体。

㉓ **盲点**（Blind Spot）：也称为主要特征、大脑死结、卑鄙的专制者、污染、主要问题、主要缺陷。它是幕后的黑手。我们的理智—情感复合系统或小我都是以这个主要特征为核心建立起来的。

㉔ **自我**（Ego）：指整个的理智—情感系统，不仅位于理智—情感复合系统中，也位于运动中心里，表现为各种姿势和动作。

㉕ **迷宫**（Labyrinth）："理智—情感复合系统"的另一种说法。

㉖**良心**（Conscience）：人体与造物主的心和脑本来就有的连接，真正意志力的源泉（参见**意志力**），有些人也称之为圣灵或守护天使。

㉗**缓冲器**（Buffers）：一个有着如下功能的系统——保护小我的结构、防止我看到自己的本来面目、防止我看到内在各种"我"之间的矛盾。它还包括很多方面，如责备、辩解、自大、自怜。

㉘**疯狂地带**（Corridor of Madness）：在自我观察的过程中会有一个阶段，此时缓冲器被移除了，盲点完全暴露了出来，工作的阻力也很大，内在的"世界末日的善恶大决战"爆发了。唯一能让工作继续下去的希望就是完全地依靠老师、方法、同修以及自己的努力。内在的角度必须要变换。

㉙**渴望**（Wish）：来自情感中心，甚至可能来自更深层的本质。这是自愿受苦的结果，是我在看到对内在改变的需求后进行求助的第一声呼喊。（参见**目标**、**意愿**、**意志力**）

㉚**工作系统，或内在工作系统**（Work Circle, or Inner Work Circle）：通过不认同于观察对象，在内在创造的不带评判的空间。在这里，任何的内在反应都是被允许的，不

会受到干扰。那些微小的内在的群"我"被集合在一起来支持工作。头脑和身体会通过感觉被连接起来以保证各中心的和谐运作。